U0187494

工业遗产新生

旧工业建筑保护与改造

刘宇扬　孟娇　编著

机械工业出版社
CHINA MACHINE PRESS

城市化进程以及产业升级的速度在不断加快，由此产生了很多废弃的工业建筑。这些老建筑在一定程度上见证了城市的发展历程以及其特有的文化记忆，如果能通过改造使老工业建筑得以保留并重新投入使用，则无疑会为城市带来更多的社会、文化以及经济价值。本书通过探索旧工业建筑的改造原则、模式、手段等，结合近期较为成功的改造案例，向读者们展现了旧工业建筑改造所焕发出的生机与魅力。

北京市版权局著作权合同登记 图字：01-2021-0626号

图书在版编目（CIP）数据

工业遗产新生：旧工业建筑保护与改造 / 刘宇扬，孟娇编著. —北京：机械工业出版社，2024.3

ISBN 978-7-111-75430-5

Ⅰ.①工… Ⅱ.①刘…②孟… Ⅲ.①旧建筑物—工业建筑—旧房改造—建筑设计 Ⅳ.①TU746.3

中国国家版本馆CIP数据核字（2024）第060494号

机械工业出版社（北京市百万庄大街22号 邮政编码100037）
策划编辑：赵 荣 责任编辑：赵 荣 刘 晨
责任校对：刘时光 封面设计：鞠 杨
责任印制：张 博
北京联兴盛业印刷股份有限公司印刷
2024年4月第1版第1次印刷
184mm×260mm·15印张·352千字
标准书号：ISBN 978-7-111-75430-5
定价：99.00元

电话服务 网络服务
客服电话：010-88361066 机 工 官 网：www.cmpbook.com
      010-88379833 机 工 官 博：weibo.com/cmp1952
      010-68326294 金 书 网：www.golden-book.com
封底无防伪标均为盗版 机工教育服务网：www.cmpedu.com

前言
Foreword

　　自工业革命以来，工业建筑往往是城市高速发展中第一批被规划和建设出来，并为城市经济做出重要贡献的建筑类型。但作为城市发展的"开荒牛"，工业建筑又不可避免地在城市化进程中逐步让位给价值更高、污染更小或形象更好的住宅、商业、文化等其他类型建筑。近年来，由于国家和地方政府的城市规划建设政策导向以及大众对城市环境的普遍重视，基于城市更新的工业建筑遗存、保护和再利用，也成为现阶段中国城市化进程发展中所面对的最重要议题之一。

　　不论是从20世纪五六十年代开始的欧洲与北美城市，或是自21世纪以来的中国城市，后工业时代城市所面临的契机与挑战有着许多相似之处。实际上，过去的半个世纪以来，工业建筑的遗留、保护与更新在一定程度上又与城市记忆、经济转型、节能减排、文化创意、智能城市、社区营造等当下的城市生活与发展议题息息相关。不论是层高、跨度、采光还是结构，工业建筑的空间表达往往是直接、纯粹、宏伟而充满想象空间的。这也是建筑师们不愿意将工业建筑简单地进行拆除和重建，而往往会着迷于对其进行加固和改造的原因，哪怕这意味着更长的时间和更高的成本。然而，把工业建筑的生产属性从生产"空间"再进一步地上升到生产"文化""记忆"和"内容"，这不仅是活化工业空间的核心要素，更是工业空间进化为文化和商业空间的过程中不可或缺的"灵魂"！

刘宇扬

刘宇扬建筑事务所创始人、主持建筑师

刘宇扬于美国加州大学圣地亚哥分校获得了都市研究学士学位，于美国哈佛大学设计学院获得了建筑硕士学位，硕士期间师从荷兰建筑家雷姆·库哈斯，完成中国珠江三角洲城市化的研究，并参与编写在 2001 年由 Taschen 和 010 Publishers 出版的 *Great Leap Forward* 一书。除此之外，其设计作品还多次发表于《建筑学报》《时代建筑》《风景园林》《建筑技艺》《世界建筑》《卷宗 Wallpaper》*domus*、*Casabella*、*area* 等国内外知名媒体。

刘宇扬于 2007 年在上海创立了刘宇

要留下"记忆"，意味着先要有"记录"。把原有的建筑进行一定程度的保留和保护是首要条件。同时，建筑背后的故事也需要通过挖掘和呈现，让后来的人能追忆和想象当年的情景，进而产生新的记忆。但光是记忆还不够，这些空间需要有"内容"。所谓内容，并非简单地植入功能——文化、商业、办公，而是通过设计创意来形成场景化体验，借由策划运营来增进人与人之间的互动。在 21 世纪以来的移动互联网技术的冲击下，也唯有通过记忆和内容、情感和体验，线下空间的运用才有存在的必要和存活的机会。在这一点上，带有纪念属性和文化价值的工业空间，往往比其他类型的建筑空间来得更生猛、更灵活，也更有优势。由于工业空间本身的尺度感和结构性，各种各样的内容、功能和事件都可以很好地被植入其中，又可经常替换与更新。如果我们参考国内外优秀先例，可以看到许多优秀的文化艺术和商业空间通常是通过工业空间的改造和演化而来的。

工业建筑通过自身的历史价值和所象征的集体记忆，进而形成了工

扬建筑事务所，它被认为是国内领先的建筑事务所之一，并开始在国际视野崭露头角。其建筑作品从实用性的工业园区，到教育、办公研发、文化旅游等领域清晰而精巧灵性的建筑、空间和园区。刘宇扬试图通过每个项目的独特叙事，在全球化城市景观的泛文脉背景下，创造一种独特的建筑语言，并寻求日常的诗意和人文价值。与此同时，刘宇扬还受邀担任上海市青浦区规土局顾问建筑师、香港大学建筑学院（上海学习中心）荣誉副教授、同济大学建筑与城市规划学院复合型创新人才实验班设计导师、新加坡国立大学设计与环境学院建筑学系外部评鉴委员等职务。

在过去的 20 年中，除了多次参与国内外学术演讲、论坛和出版，刘宇扬还长期参与展览和策展工作，其中最著名的是 2007 年的深港双年展，2011 年的成都国际建筑双年展，2012 年上海当代艺术博物馆的"生活演习"建筑展，2015 年和 2017 年的上海城市空间艺术季（SUSAS）展览，2018 年的威尼斯建筑双年展中国馆主题装置及展场设计，2019 年深圳未知城市中国当代建筑装置影像展和深港城市建筑双城双年展盐田分展，以及 2020 年首届中欧建筑邀请展。

业空间的"纪念属性"。每一个工业空间背后的人、事、物都有其独特的故事。这个故事被放置在当下的时空语境，通过创造性的挖掘和提取、富有设计感的叙事与呈现，工业空间的纪念性和体验感就能很好地被感知和放大，工业空间也才可能对城市产生新的价值和效益。产品可以山寨，文化却无法复制。正是因为注入了文化的"灵魂"，工业空间才得以孕育出自身的文化属性，也才可能完成它的华丽转身。

近年来，中国城市目睹了越来越多的工业遗存项目的落地。如何更全面地面对后工业建筑的再利用，建筑师除了对建筑本体的结构、空间、美学、运营等议题都需有所涉猎和掌握之外，也需要通过更深层次的思考，梳理出后工业建筑、城市和景观与社区营造、乡镇复兴、气候变迁和全球疫情等微观及宏观层面的关系。在城市更新和产业升级的持续进程中，越来越多的工业空间将继续被释放出来，也将有越来越多的工业空间不再以历史保护建筑的名义，而是以更为日常的模式进入市民们的生活空间。笔者认为，在可预见的未来，工业空间将真正形成它的日常属性，工业空间的长远价值也将最大限度地启发新的想象、获得新的提升。

目录
Contents

前言   003

设计原理   008
1. 工业遗产的定义及包含的内容   008
2. 我国主要工业城市及现存工业遗产的分布概况   009
3. 我国旧工业建筑改造与西方发达国家相比的优势与不足之处   010
4. 旧工业建筑改造所要遵循的基本原则   010
5. 旧工业建筑的基本类型划分及适宜的功能置换模式   011
6. 工业建筑与其他类型建筑相比，在改造时存在的优势条件   011
7. 建筑改造前的专业评估及适宜的改造方法   012
7.1 遗产性旧工业建筑   012
7.2 地标性（特异型）旧工业建筑   013
7.3 普通旧工业建筑   013
8. 建筑空间改造策略分析   014
8.1 空间拆分   014
8.2 空间重组   015
8.3 空间扩建   015
8.4 色彩设计   015
8.5 灯光及照明设计   016
8.6 采光及通风改造   017
8.7 局部景观设计   018
9. 建筑所在场地的规划设计   019
10. 常用建筑材料的选择   019
10.1 木材的使用   020
10.2 砖的使用   020
10.3 玻璃的使用   021
10.4 金属材料的使用   021
10.5 混凝土的使用   023
11. 改造的意义所在   023
11.1 经济与环境价值   023
11.2 社会人文价值   024
11.3 艺术审美价值   024

案例赏析   026

北京西店记忆文创小镇 破败仓库下隐藏的秘密花园   029

申窑艺术中心一期 由铸铁旧厂房改造而成的陶艺展示艺术园区   041

申窑艺术中心二期 工业秩序下的多功能办公空间   055

红梅文创园 老牌味精厂里的城市文化再生空间   069

艺仓美术馆 废墟的重生   081

运河美术馆 由废弃金属铸造厂改造而成的美术馆   091

重庆工业博物馆 既有钢铁厂遗留骨架的改建与更新   103

UTTER SPACE 柳宗源工作室 旧仓库里的复合型艺术空间   111

JOLOR 展厅 废旧冶金矿山机械厂区里的家具艺廊   125

全至科技创新园改造 后工业时代的人文社区营造   131

809 兵工厂遗址改造 老三线的复生   145

昆明橡胶厂改造 彩云里艺术商业新生共同体   159

新泰仓库建筑改造 工业遗产的新光   171

澜创空间 工业遗址里的社交空间   179

surely. 混沌意识下的艺术空间 逆时而生顺时而现   189

上海滨江道办公楼 百年码头仓库里的高端商务场所   201

云里智能园 深圳坂田物资工业园综合改造   211

751 厂房改造 基于"零"结构破坏、低成本造价与绿色家居循环的改造实践   221

WMY 办公空间 工业厂房遭遇鬼马前卫广告人   233

索引   240

参考文献   240

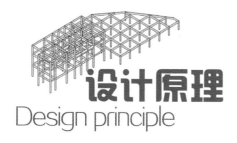

设计原理
Design principle

1. 工业遗产的定义及包含的内容

　　2003 年 7 月，国际工业遗产保护协会（TICCIH）向国际古迹遗址理事会（ICOMOS）提交了由其起草的《下塔吉尔宪章》，该宪章得到了国际古迹遗址理事会（ICOMOS）的认可，并由联合国教科文组织（UNESCO）最终批准。《下塔吉尔宪章》明确指出了工业遗产的定义："工业遗产是指工业文明的遗存，它们具有历史的、科技的、社会的、建筑的或科学的价值。这些遗存包括建筑、机械、车间、工厂、选矿和冶炼的矿场和矿区、货栈仓库，能源生产、输送和利用的场所，运输及基础设施，以及与工业相关的社会活动场所，如住宅、宗教和教育设施等。"

　　在内容方面，狭义的工业遗产主要包括用于生产的车间、作坊、店铺，用于中转及储存货物的码头、仓库，管理人员的办公室及宿舍等不可移动的建筑；还包括生产中所使用的可移动性物品，如工具、器具、机械设备、办公用具、生活用品等；此外，涉及企业历史的商号商标、产品样品、手稿手札、招牌字号等也都属于工业遗产的范畴。广义的工业遗产包括工艺流程、生产技能和与其相关的文化表现形式，以及存在于人们记忆、口传和习惯中的非

© 艺仓美术馆／大舍建筑设计事务所／田方方

物质文化遗产。因此，工业遗产是在工业化的发展过程中留存的物质文化遗产和非物质文化遗产的总和。

近年来，工业遗产概念的内涵在继续扩大，工业景观已经被一些国家纳入到工业遗产保护计划。国际工业遗产保护协会主席伯格伦（L. Bergeron）教授指出："工业遗产不仅由生产场所构成，而且包括工人的住宅、使用的交通系统及其社会生活遗址等。但即便各个因素都具有价值，它们的真正价值也只能凸显于它们被置于一个整体景观的框架中。同时在此基础上，我们能够研究其中各因素之间的联系，整体景观的概念对于理解工业遗产至关重要。"例如收录在本书中的由老白渡煤仓改造的艺仓美术馆项目，其煤仓并非是孤立的构筑物，它原本和北侧不远处的长长的高架运煤通道是一个生产整体。作为浦江贯通工程中的老白渡绿地景观空间，煤仓和高架廊道的更新已成为了新的滨江绿地公园的一部分。设计师巧妙地将既有的工业构筑物有效保留，使它呈现出作为工业文明遗存物的历史价值，同时又赋予其新的公共性及服务功能。

2. 我国主要工业城市及现存工业遗产的分布概况

工业化的发展离不开便捷的交通设施、丰富的能源资源、密集的劳动力资源以及科技力量的支撑。我国的工业分布特点为：沿铁路线、江河及大海分布。沿京沪、京广、哈大等铁路线分布的工业城市包括上海、北京、郑州、南京、杭州、哈尔滨、长春、沈阳等；长江沿岸地区依托长江黄金水道形成了我国重要的工业地带，称为长江流域主要工业带。长江沿江地带是我国高度发达的综合性工业地带，遍布工业基地。主要工业城市包括攀枝花、宜宾、重庆、宜昌、荆州、岳阳、武汉、鄂州、九江、安庆、铜陵、芜湖、马鞍山、南京、镇江、南通、上海等。黄河流域在历史上工业基础薄弱，新中国成立后在国家的扶持下建立了一批能源型工业企业，以煤炭、电力、石油、有色金属等行业为主导。其主要工业城市包括郑州、洛阳、太原、大同、阳泉、西安、兰州、西宁、包头等。沿海地区的四大工业基地包括辽中南重工业基地（全国最大的重工业基地），京津唐工业基地（中国北方综合性工业基地），沪宁杭工业基地（全国最强的综合性工业基地），珠江三角洲工业基地（以轻工业为主的加工基地）。其代表省份及城市包括辽宁、山东、天津、北京、湖北、上海、江苏等。

2018 年 1 月 17 日，由中国科协调宣部主办，中国科协创新战略研究院、中国城市规划学会承办的"中国工业遗产保护名录（第一批）"发布会在北京举行。名录中列举的江南机器制造总局、金陵机器制造局、东三省兵工厂、汉阳铁厂等 100 处工业遗产大多分布在上述省份及城市。

3. 我国旧工业建筑改造与西方发达国家相比的优势与不足之处

随着社会生产力的发展，越来越多的劳动力涌向第三产业，众多昔日的工厂处于废弃闲置的状态，不仅造成了资源上的浪费，也会在一定程度上阻碍城市化进程的发展。随着废弃建筑改造及再利用观念意识的加强，国内旧工业建筑改造这一课题受到了越来越多的关注。20世纪50年代起，欧美发达国家逐步走向后工业化时代，城市人口开始向郊区迁移，传统工业企业面临着被淘汰或是搬往郊区的局面，如何利用这些被废弃的工业遗址，成为了发达国家正式研究的课题。我国的旧工业建筑改造兴起于20世纪80年代，相比西方国家晚了近30年。与此同时，我国在旧工业建筑改造的评估以及相关保护性法规的制定上还不够完善，各种检测及改造的技术手段也略有欠缺。在改造过程中，由于一些参与者个人意识形态及审美的影响，有可能导致一些建筑在改造之后不能很好地与周边环境相融合，使得原本非常有历史意义的工业遗址不能被很好地保留，从而失去了其原有的珍贵的文化及历史价值。由于欧美国家对工业建筑改造的研究早于我国，整个理论体系较为成熟，并且伴随着众多有参考价值的改造案例，这在一定程度上为我们提供了很好的借鉴，也让我们在这一改造领域少走了一些弯路。

4. 旧工业建筑改造所要遵循的基本原则

在对旧工业建筑改造的过程中，需要综合考虑其建筑外观的特点、内部空间环境、历史及文化价值等因素，合理利用其原有的空间，让建筑在延续其历史价值的同时，达到新旧并置，使其重新焕发生机。

（1）旧工业建筑改造关乎工业记忆的传承，因此在设计及改造过程中，对于遗址性建筑，要尽可能保护其历史风貌，对于一些能反映特定时期工业特色的元素要加以利用，以凸显建筑本身的历史价值，也能让后人通过这些元素更多地了解建筑所延续的文化内涵。例如由WallaceLiu建筑设计事务所设计建造的重庆工业博物馆，它是在既有钢铁厂遗留骨架的基础上改建而来的。这座新落成的博物馆面积为7500平方米，是该老工业园区更新发展计划的一部分，旨在展示该地区所蕴含的浓厚钢铁文化，以及其相应的社会和工业历史。

© 重庆工业博物馆 / WallaceLiu / 中机中联工程有限公司 CMCU Engineering Co.,Ltd. / Etienne Clement

（2）要尊重建筑周边的自然及人文环境，与周边环境协调共生。有些旧工业建筑在完成改造之后，与周边建筑环境格格不入，不仅没有达到对老建筑良性再利用的效果，反而还使原建筑失去了其原有的建筑风格。设计者在改造之前应该首先考虑到整体风格的协调性，理解改造想要达到的目的，在原有建筑的基础上进行再创新，丰富其使用价值。同时要注意保护建筑周边的自然环境，避免在施工过程中对环境造成污染，也可以加入一些景观设计，丰富建筑周围的绿色植被，改善建筑所在地的生态环境。

（3）因地制宜，改造中就地取材，增加废旧物料的使用，注重环保和可持续发展理念。由于改造过程中不需要将原建筑大面积拆除，所以在很大程度上减少了建筑垃圾的产生。对于建材的选择，可以重复利用场地里不会对环境造成污染的废弃材料，或者就地取材使用当地自产的建材，减少运输等成本。最后在建造过程中使用节能环保的新科技技术，使改造符合可持续发展的理念，与自然相适应。

（4）对于与项目相关的调研报告、设计图纸、施工图纸等文件要予以保留，方便竣工之后抗震、消防等验收工作的进行，并且为后续的建筑维护提供技术支持。

© 751 厂房改造 / 加拿大 MCM 建筑规划设计事务所　　　　© 加拿大 MCM 建筑规划设计事务所
经改造后的老厂房与其园区内部的其他建筑总体风格一致

5. 旧工业建筑的基本类型划分及适宜的功能置换模式

废旧工业建筑普遍丧失了其原有的使用功能，旧工业建筑改造最终要实现的效果是对空间进行重组，从而使其能够再次被利用，实现其全新的功能。根据旧工业建筑原有的空间特点，可以改造成与之建筑形态匹配的全新空间。目前常见的旧工业建筑空间分别为常规型、大跨型和特异型。

常规型旧工业建筑指内部空间开阔且单层框架高度较为适中的建筑类型，其原功能多为轻工业的仓库或厂房，可为单层，也可为多层。此类建筑在改造中较为常见，改造后的使用功能可以包括办公、居住、餐饮等多种模式。

大跨型旧工业建筑指单层跨度较大的建筑，原建筑通常用于重工业厂房或者仓库，其内部空间开敞，大多靠混凝土钢架和拱形架支撑。这类工业建筑可以被改造成为美术馆、艺术馆、博物馆等大型公共活动空间。

特异型旧工业建筑指形态特殊的建筑空间，如水塔、粮食储藏塔等异形建筑空间。其独特的外形为改造增加了一定的难度，通常被改造成创意型空间。

6. 工业建筑与其他类型建筑相比，在改造时存在的优势条件

（1）高大开敞的内部空间，为改造增加了更多可能性。工业建筑的内部空间通常比较高大宽敞，即使是多层建筑，单层高度及跨度也远超民用建筑。由于建筑内部空间相对开阔，

因此在空间利用上可以有更多的发挥，也能通过增加隔层等方式改造出更多可使用空间。由于束缚条件较少，设计师在改造和利用空间时，可以发挥更多创造性，使空间功能多变且个性十足。

（2）无论建筑平面布局还是外观均比较简洁，利于改造。旧工业建筑多以建筑群存在，且占地面积较大，但是空间布局普遍非常规整，并伴随着一定的生产逻辑性。在外观上，旧工业建筑一般都非常简洁干净，不会有太多奇异的造型设计。在改造时，即使需要拆除部分外墙，其拆建工作也比较容易进行。同时简洁的建筑布局模式，适合改造成多种功能空间，场地制约因素较少。

（3）周边基础设计相对完善。工业生产过程中需要消耗大量能耗，因此工业建筑通常会选址在交通运输便利的地区，以方便物资的运输及供应。周围的公路、电力及通信设施也相对比较完善，园区内部的供水、供电、供气、排污等设施的配备也相对齐全。

（4）承重能力好，相比其他建筑更加牢固耐用。工业建筑内部多采用大型的承重骨架结构，其承载力比民用建筑要大得多。因此旧工业建筑在改造和再利用的时候，其承载力通常都能满足新功能空间的使用要求，比其他类型的老建筑更具优势，建筑安全性能也更高。

（5）真实自然的工业美学，本身风格自成一派。近年来工业风装修风格凭借其粗犷、自然、质感十足等特性风靡全球，从起源地欧洲到美国，再到亚洲，都能看到以工业风为主题的各类空间。黑白灰的色调、裸露的砖砌、水泥墙面、管线、金属质感的灯具和家具、老旧的木结构，所有这些工业化元素赋予了空间机械化的美感，深受年轻人及艺术创意者的喜爱。

（6）相对于旧民用空间，拆迁矛盾小。旧工业建筑与老旧小区相比，产权较为清晰，拆迁矛盾小，无须对回迁人员进行安置，相关资金的投入也较少。由于拆迁矛盾小，且原有建筑基础较好，因此工期进展速度快，建筑投入再利用的周期也较短。

7. 建筑改造前的专业评估及适宜的改造方法

工业遗产作为人类文化的一部分，具有文化遗产部分共有的特征，虽然其产生的历史短暂，但创造的价值巨大。工业遗产性建筑主要起始于18世纪后半叶的工业革命，但不排除前工业时期和工业萌芽期的产物。不同的工业阶段在中国大地上留下了各具特色的工业遗产，并伴随着非凡的历史价值和许多感人的人物故事。工业遗产通常伴有不可再生性、传承性、旅游观赏性等特征，是极为珍贵的历史及文化资源。在建筑改造之前，应对其历史遗存现状、建造背景及原始使用用途及状况、修缮记录、配套图纸、所在地自然状况等内容进行充分调研，以确定既有建筑所属保护等级，并制定与之匹配的改造标准。

7.1 遗产性旧工业建筑

对于遗产类建筑，应最大限度保留其原有的外貌特征，不要对其进行过多的装饰，只对其进行必要的修整与维护，并保证修整的部分与建筑原貌相协调，让人们最大限度观赏到遗迹的本来面貌。这类旧工业建筑通常可以被改造为工业博物馆、主题博物馆等，通过建筑改造和再利用让更多人了解时代的变迁过程，同时也是对城市精神文脉发展的传承。始建于20世纪20年代的上海新泰仓库，是上海市人民政府批准公布的第四批优秀历史建筑，保护要求为三类。Kokaistudios经过详尽的调研，对该历史建筑进行了细致的清洗、修缮、更新，最大限度还原了其原貌，并将其改造成为高端商务会所及文化展示中心。

© 新泰仓库建筑改造 / Kokaistudios / Dirk Weiblen

7.2 地标性（特异型）旧工业建筑

有一些旧工业建筑，因为外观较为独特，例如烟囱、水塔、储藏罐等，久而久之便成为了某些地区的地标式建筑。对于这类建筑，首先应保留其被人熟知的建筑外貌特征，在不破坏其原有主体形象的同时，对其进行再设计与改造，使人们既能利用其改造后的全新空间，又能留住城市熟知的那份建筑记忆。在昆明橡胶厂改造中，高耸的烟囱已经成为了厂区的标志性建筑，设计师通过对其进行加固，使这一具有代表性的建筑得以保留，并且使其可以适应再利用改造这一过程。

© 昆明橡胶厂改造 / Kokaistudios / Dirk Weiblen
场地中的烟囱成为空间亮点

7.3 普通旧工业建筑

普通旧工业建筑相比于前两种类型的旧工业建筑，并没有特别深厚的历史及美学价值，因此改造中的限制因素也较少。同时其仍具备空间宽敞、建筑坚固、配套基础设施较为完善等优势，因此在改造中应该最大限度保留具有再利用价值的结构与空间体系。设计师在改造此类建筑时可以发挥更大的创意性，创造出全新的多功能空间。这类建筑通常可以改造成为创意产业园区、办公空间、休闲娱乐空间等，在明确了改造方向的基础之上，重新规划空间功能，使建筑功能得到最大的利用。在必要的情况下，也可以对部分建筑进行拆除，以便于更合理地使用场地空间。例如昆明橡胶厂改造项目，设计师计划拆除没有历史和空间价值的仓库车间，为场所内腾挪出公共开放空间和新建建筑的空间。虽然这里没有文物遗产，但是超过 30 年的建筑已经成为这个场所记忆的物质载体，拆除的计划经过建筑师和结构检测机构审慎地鉴别和反复地评估分析后制定。

8. 建筑空间改造策略分析

8.1 空间拆分

由于旧工业建筑内部空间较为开阔，且单层高度较高，为了更为有效地利用现有的空间，可以对空间进行水平和垂直调整，以增加空间利用效率。

在旧空间改造中，改造后的建筑无论是用于办公空间，还是酒店民宿，抑或是餐饮空间，都需要在一定程度上保证空间的私密性。如果是在室内加建墙体的话，首先要保证新增加的墙体不会对原建筑的框架，尤其是顶部受力构架造成损害。为了方便施工也可以在原有空间的水平方向上加建隔墙以满足空间的拆分，针对不同空间的隔墙，要注意材料的选取。例如，卫生间的隔墙要采用防水防潮的材质，酒店房间之间的隔墙隔声效果要好，避免噪声干扰。市面上的隔墙材料有很多种，而不同材料制作出来的隔墙都只是一个分割空间的构件，它并没有任何的承重能力。与一般墙体不同的是，隔墙是可以拆散的，能够重复使用。当隔墙与既有建筑的屋面、墙体或者结构柱直接连接时，宜采用可灵活拆卸的连接构造节点。在使用隔墙材料来打造隔墙的时候，人们应该多考虑材料的防火性能、防爆性能以及强度等，尽量使用可回收、可循环利用的轻质环保材料。常见的隔板材料有轻质砖、预制隔墙板、石膏龙骨等。

除了对空间进行水平拆分外，也可以在垂直方向对空间进行拆分。例如给空间增加夹层，使原来高大的框架被拆分为若干层高度适宜的空间，以满足对空间的多种利用，同时可以增大使用面积。增加的部分要尽量使用轻质且高强度的材料，并且保证新增加的结构不会对原有结构造成破坏。可以根据不同空间的具体使用情况来决定加建的面积以及夹层的高度，使空间既能被高效利用，又能体现出层次感。以 JOLOR 展厅为例，为满足更多的展示需求，设计师在两片新建墙体之间搭建出夹层楼板，并在墙身和楼板处设计开凿出一些互相嵌套的圆形或半圆形缺口。墙上一些几何形的开口使厚重的体积感变得生动，并提示入口和路径，空间上下前后形成多种穿透和虚实关系。

© JOLOR 展厅 / Atelier tao+c 西涛设计工作室 / 夏至
新建夹层展示空间

8.2 空间重组

有些原有建筑空间根据当时的使用要求被拆分成不同的空间，然而旧空间并不适用于全新的空间功能需求，因此可以对原有建筑空间的隔墙或楼板进行拆除与重组，打造出空间尺度适宜的新空间。在不改变建筑承重结构的前提下，可以拆除部分楼板立柱，使得建筑的多层空间融为一体，从而形成中庭、报告厅等层高较高的空间。以中庭为代表的建筑腔体的引入，可以改善原有建筑的采光和通风问题，从而局部改变建筑内部的自然环境。

© 上海滨江道办公楼 / HPP Architects / CreatAR Images

原本附着在建筑两侧的外立面楼梯被拆除并整合到建筑的中央大厅，6.5米宽的大型楼梯除了作为联系东西两侧的垂直交通外，还提供了休憩及会谈空间供人们短暂停留。

8.3 空间扩建

在空间的改造上，除了上述拆分及重组的方法，也可以在原空间的基础上对空间进行扩建，以满足更多的功能使用需求，主要的方式包括新模块的水平置入、建筑垂直加层以及增加地下室等空间。其中新模块的水平置入是安全性最高且施工最便捷的扩建模式。在原建筑外部置入新体块时，要保证新置入的空间与原始建筑本身以及其周边的环境相融合，这对改造来说是高层次的要求。建筑体块的置入作用一般分为三种情况：第一种是连接上下空间，便于日常游览和使用，例如嵌在建筑表面的观光梯；第二种是为了连接室内和室外而增建的空间，以此创造一种全新的生活视角，增加人们与自然环境的互动；第三种模式是新体块在原建筑外部单独存在，新老建筑结构相对独立，可通过走廊或者连廊与原建筑相衔接，以增加全新的使用空间。由于旧工业建筑本身使用年限较久，因此如果想做垂直加层以增加使用空间的话，首先需要对其进行"体检"，确定其承重能力等是否适合在原建筑的基础上垂直加建。增加地下室空间需要在结构论证和经济分析可行的前提下进行，由于施工量比较大，要注意保护原始地基的稳固性，同时要做好防水、防潮、采光设计、防塌陷工作。

8.4 色彩设计

在室内设计中，色彩起着重要的作用，不仅可以影响整个室内的感官，对人的心理影响也不可小觑。协调的色彩搭配可以使人身心愉悦，杂乱或者突兀的色彩搭配则会使人感到压抑、烦躁。色彩本身没有温度，但是却可以在一定程度上起到在感官上调节温度的作用。例如木色、橙色等可以使室内呈现明亮、温暖的感觉，而淡蓝色、绿色等则给人清凉的感觉。

在室内环境中，占比最大的色彩往往最能影响人的心理感受。例如墙面、地面、屋顶等大面积的空间，通常倾向于使用白色、灰色和米色等纯色。室内的装饰品可以根据空间的主题来进行调整，但是一般会采用彩色，以增加室内色彩的多样性。其次，根据空间的不同功能也会使用不同的色彩搭配，例如，办公室区域经常使用黑白灰的搭配来强调工作的严肃性，但是在休息区也会使用红色等跳动的颜色搭配来缓和工作的严肃。对于旧工业建筑，室内往往会遗留下原始的工业痕迹，在新色彩的搭配上，要注意新旧之间的协调性，不适宜使用太过跳脱的色彩。最后，室内色彩搭配也需要考虑到建筑外部的原有颜色，这样人们进入建筑内部时才不致觉得特别突兀。

© 751厂房改造 / 加拿大 MCM 建筑规划设计事务所

整个空间内颜色和材质的选择，都遵照一个黑白灰色系搭配，软饰和工艺品的搭配均统一材料，突出简洁现代的气息。

8.5 灯光及照明设计

　　照明设计是室内设计的重要组成部分，不同大小及用途的空间，需要有针对性地选取灯具及照明方式，从而满足个体不同的心理感受。无论是工作、学习还是日常生活，我们每天都有很大一部分时间停留在室内，因此照明环境与人们的各种活动关系密切。优质的照明环境可以给人带来舒适感，提高工作和学习的效率。充满艺术感的照明灯具也可以满足人们的审美要求，提升室内环境质量。在照明设计过程中，要充分考虑光照原理和色彩原理，不同的光色会带来不同的视觉效果。

© 809 兵工厂遗址改造 / 三文建筑 / 此间建筑摄影　　© 上海滨江道办公楼 / HPP Architects / CreatAR Images

常见的灯具包括吊灯、壁灯、吸顶灯、镶嵌灯、投射灯、台灯等。其中吊灯的使用最为普遍，通常悬挂在室内屋顶，用作大面积范围的一般性照明。壁灯作为补充性照明装置，装饰性比较强，可以很好地调节光影层次，通常用在门厅、走廊等空间。吸顶灯是直接安装在顶棚上的固定灯具，常用在办公室、会议室等公共空间。镶嵌灯指嵌在隔层里的灯具，可聚光也可散光，聚光式镶嵌灯主要用于局部照明，例如商店货架或者柜台处。投射灯通常安装在顶棚或者墙壁，用来集中表现某些需要重点突出的区域或物体，例如使用在展览馆或者博物馆里的藏品区域。台灯小巧轻便、款式多样，既可用于局部照明，也能用于装饰。

© surely. 混沌意识下的艺术空间 / DPD 香港递加设计 / 林镇 / 张大齐

形态各异的照明灯具设计

8.6 采光及通风改造

旧工业建筑通常比较封闭，因此存在天然采光不足、室内空气流通不畅等问题。在改造过程中，设计师往往更侧重建筑内部功能的再设计，由于光线问题可以通过照明设备来调节，因此天然光照问题容易被设计师忽视。从节能环保以及可持续发展的角度出发，设计师在改造过程中，还是应该尽可能将自然光线引入室内。目前比较常见的采光方式是通过天窗采光以及墙壁上的侧窗采光两种模式。通过改造侧窗以增加光照面积是较为常见的改造方式，设计师可以将建筑原有侧窗面积扩大，甚至可以将部分墙壁打通，用玻璃材质替代砖石结构，形成更加通透的玻璃墙。对于天窗的改造，同样可以采取增大天窗面积的方法引入更多自然光线到室内。与此同时，也可以利用反射原理，在倾斜的屋面和内部顶面设置反射材质，将更多的光线反射进室内进深较大处以增加光照面积。最后，对于一些进深较大的建筑空间，还可以采用设置内庭的方法来减小进深，达到增加采光口面积的目的。在改造和新增侧窗及天窗时，设计师也应该考虑遮阳问题，可以采用双层安全夹层玻璃和金属遮阳百叶结合的方式，以此控制光照面积，以避免光线太强而造成的眩光感。同时充分利用侧窗和天窗来调节室内外的空气流通，满足通风换气的需求。由知名建筑师刘宇扬主持设计的北京西店记忆文创小镇项目，在改造中对原有旧仓库进行了屋顶天窗以及侧窗的加建，使原本密闭昏暗的空间变得通透又充满艺术感。除上述改造手法之外，还应注意家具的布局及摆放，在保证室内良好景观视线的同时，注意尽量减少家具对自然光线及通风的遮挡。

© 北京西店记忆文创小镇 / 刘宇扬建筑事务所 / 夏至
改造前后的采光对比

8.7 局部景观设计

　　景观绿化在室内设计中往往可以起到画龙点睛的作用。工业建筑在改造过程中会部分保留原有的建筑结构及装饰，年代感十足，而绿色植物的加入则可以使空间显得更具生命力及活力。绿植不仅可以用于观赏、缓解疲劳感，还能吸附尘埃及异味，起到净化空气的作用。通过对绿植的摆放还可以组织引导室内空间的路线，让不同的空间通过绿化而联系在一起，既自然生动，又可以利用绿化植被来重新组织及分隔空间，使空间的使用更加灵活。室内绿墙、小型室内花园以及各具特色的盆栽植物都是不错的选择。但需要注意植物的选取，并且做好后续的灌溉、蚊虫处理及养护工作。设置室外绿墙时，尽量选择对墙壁腐蚀较少的藤蔓类植物，并且需要对供其攀爬的网格做好规划，引导植物的生长方向，避免遮挡门窗。位于广州市的澜创空间项目，其建筑内部被置入了三个庭院，作为内部空间的核心，创造了由外向里延展的风景。三个庭院将内部的活动场景串联起来，庭院中碎石和不锈钢镜面的景观装置花池延展了外部的景观切片，也创造了抽象的园林景观，使每一处场所的功能都和庭院景观相联动。

© 澜创空间 / BEING 时建筑 / 曾喆
室内庭院景观

9. 建筑所在场地的规划设计

在旧工业建筑改造的过程中，建筑并不是孤立存在的，它与其所在地及周边环境密切相关。因此结合建筑所在地的自然、生态、交通等环境，并且根据建筑结构形式及布局，做好建筑所在地的场地规划工作显得尤为重要。

对于场地内的交通道路改造，应根据实际运行路线进行规划。如既有道路系统的设置仍符合现行通行要求，则建议对其进行保留并在此基础上进行改造。同时可以增设辅助道路以满足更多的出行需要。对于建成使用的道路要定期做好维修、养护和道路旁的绿化工作。同时合理规划机动车和非机动车的停车位，尽量做到人车分行，降低交通事故的发生率。对于道路及场地铺装材料的选择，宜选用渗透性较好的透水沥青、透水砖、透水混凝土地坪等材质，使自然降水能经过铺装结构就地下渗，调节地面雨水量，提高出行的安全和舒适性。

针对场地内部的景观改造，首先应对土壤进行测试，对于污染严重的土壤进行换土或者覆盖新土的方式来改善植被生长环境。树木与草坪搭配种植，形成多层次立体化的绿化模式。这种绿化模式可以在一定程度上遮挡需要保护的隐私空间，又能通过植被降低噪声、美化环境。对于场地内原有的自然植被和水体等生态景观要予以保护，对于建筑改造中造成的环境破坏予以修复。同时还可以进行水景布置，既美观又能调节局部湿度。以申窑艺术中心为例，设计师根据业主的需求将水池的元素融入景观，于是建筑前场使用水景分布在主要入口道路以外的灰空间中，同时在保留下来的一期基础构架下布置水景，使得一期和二期之间的广场形成整体的呼应关系，水景的运用意外地从前场人行视角上获得了建筑的镜像倒影，延展了空间的层次感。

对既有建筑物、相关构筑物进行合理规划，辅助性功能空间（卫生间、配电室）可保留并加以改造利用。对能展现老工业建筑独特风貌的建筑、制品或设备等元素加以保留和利用。同时对公共交通、建筑入口等增加无障碍设计。

© 申窑艺术中心 / 刘宇扬建筑事务所 / 朱思宇
建筑前的水景设计

10. 常用建筑材料的选择

对于旧工业建筑改造，常见的表现形式有三种：整旧如旧、整旧如新、新旧交织。针对不同保护价值的旧工业建筑，需遵循不同的改造原则（详见本书第7部分），改造中所使用的主要建筑材料也不尽相同，以下内容为读者列举建筑改造中常见的建筑材料。

10.1 木材的使用

　　木结构在工业建筑中的使用由来已久，可以说它是建筑历史发展中的重要见证者。木材作为天然的建筑材料，具有优越的环保特质，可以被称为环保型建材的典范。除此之外，木材的隔热效果明显高于金属建材和混凝土。在木结构建筑里，可体验到冬暖夏凉之感，舒适度较高。最后，木结构的抗震性能较好，木结构的屋顶框架稳定性更高。在房屋内部的框架中，木结构通常裸露在外，使整个空间充满宁静、温暖又不失厚重的感觉。由于木材有收缩、变形、开裂、易腐蚀、易燃烧的缺陷，造成其使用寿命较短。因此在旧工业建筑改造中，应对原有及新添加使用的木质结构做防火、防腐蚀、防虫害等方面的处理，延长其使用寿命，从而提高建筑的总体使用年限。

10.2 砖的使用

　　在旧工业建筑中，红砖作为主要的砌筑材料，具有独特的时代印记，并且成为了一种重要的设计表达元素。通过不同的墙体砌法，可以产生形式各异的装饰亮点。如果墙体内部作为采暖空间的话，则需要给墙体做内保温，以确保墙体外观的美观性。如果墙体内部为非保暖空间，设计上的限制会相对较小，设计样式也更灵活多样。当红砖与现代的玻璃幕墙、钢板等建材同时使用时，也会产生新旧对比的视觉冲击力。

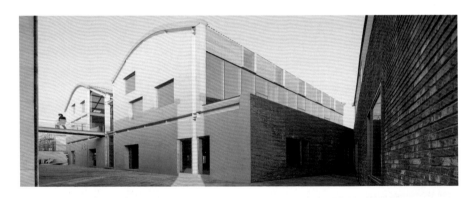

© 北京西店记忆文创小镇 / 刘宇扬建筑事务所 / 夏至

红砖与玻璃幕墙、深灰色钢板、银色波纹钢板屋面的对比

10.3 玻璃的使用

玻璃作为一种较为现代化的装饰性材料,在旧工业建筑改造中的应用非常广泛,从屋顶天窗到玻璃门窗,它的身影无处不在。玻璃以其独特的质感,与老建筑的沧桑感形成了鲜明的对比。目前,节能型玻璃(通常指的是隔热和遮阳性能好的玻璃)作为重要的建筑节能材料,已被广泛使用。这种建材在冬季可以大大减少室内热量的逸出,夏季可以减少阳光进入室内。常见的节能玻璃包括中空玻璃、镀膜玻璃、高强度 LOW-E 防火玻璃等。

© 昆明橡胶厂改造 / Kokaistudios / Dirk Weiblen

弧形玻璃体量被柔和地嵌入到基地中

10.4 金属材料的使用

旧工业建筑改造既包括室内各功能空间的改造,也包括建筑表皮的改造。金属材料以其坚固、耐用的物理性能且安装便利,在建筑改造中被广泛应用,同时产生了很好的视觉效果,与老建筑本身的厚重感相得益彰。在当下,金属表皮成为了很流行的装饰元素。由于金属材料具有很好的延展性,可以根据需要被扭转为各种形状,又不影响本身的物理性能,因此各种形式的合金幕墙和屋面被广泛应用。金属表皮可以分为承重表皮和分离式表皮两种。承重表皮不仅是建筑的外衣,还是辅助的建筑结构,能起到对建筑的加固作用。分离式表皮本身与建筑结构相分离,这种表皮的独立性可以使设计更加多样。通过对金属表皮的镂空设计,还能起到调节光影的作用,美观与实用性并存。

© 北京西店记忆文创小镇 / 刘宇扬建筑事务所
朱思宇

酒店内院深灰色钢板立面

© 重庆工业博物馆 / WallaceLiu / 中机中联工程有限公司 CMCU Engineering Co.,Ltd./ Etienne Clement

悬挂的金属冲孔折板幕帘

10.5 混凝土的使用

混凝土在旧工业建筑中的使用非常常见。混凝土价格低廉，耐久、耐火性较好，且抗震、抗冲击。与此同时，又具备很好的可塑性。由于其强度较高，因此无论是用于建筑的梁结构还是柱结构，其结构构件的体积、尺寸等相比于其他建材都会相对减小，混凝土的使用量自然也会减少。同时由于结构断面面积的减小，不但使建筑物在观感上给人以舒适的感觉，而且增加了建筑物的实际使用面积，经济效益非常明显。许多旧工业建筑内部裸露的混凝土结构，恰巧可以体现出粗犷的质感，让人们直观感受到建筑的历史特性。

© 新泰仓库建筑改造 / Kokaistudios / Dirk Weiblen
混凝土结构框架

11. 改造的意义所在

城市化进程与工业化的发展密不可分。新中国成立初期，我国大力优先发展重工业，大量工业建筑迅速兴建，难免会存在布局不合理、环境污染等问题。在经济转型的关键时期，旧工业建筑的再利用对于城市发展至关重要。这不仅关乎着一座城市的辨识度及带给人们的独特记忆，也关系到绿色建筑和可持续建筑概念的推广。在经济、社会人文、环境发展、艺术审美等多角度均有着重要的作用。

11.1 经济与环境价值

对旧工业建筑的改造，可以在原建筑的基本框架下进行，避免了对其拆除所耗费的时间及经济成本。同时建造成本也较为低廉，可以最大限度利用原有的建筑材料，减少新物质能源消耗以及建筑垃圾的产生，从而也减少了对环境的不利影响，符合节能减排、低碳环保的可持续发展目标。并且建造周期短、运营成本低，改造后的建筑可在较短时间内投入使用。除此之外，一些典型的工业遗址经过改造后已然成为了吸引游客前往的旅游场所，在一定程度上拉动了旅游业的发展，也可以为当地带来不俗的经济收益。例如何崴老师主持设计的809兵工厂遗址改造项目，地处下牢溪峡谷，环境优美、舒适，具备很好的自然环境和产业基础。经兵工厂改造而成的酒店为短途旅游的游客提供了好的住宿空间，吸引了大量周边居民的到来。

© 809 兵工厂遗址改造 / 三文建筑 / 此间建筑摄影

由兵工厂改造而成的酒店为游客提供了舒适的住宿场所

11.2 社会人文价值

 工业建筑记录了一座城市在某一时段内的发展水平，工业活动在创造了巨大的物质财富的同时，也创造了取之不竭的精神财富，有其不可忽视的社会影响。同时也能体现出某一时期建筑独有的风格，有利于提升城市的辨识度，并且延续城市带给人们的一些记忆。许多工业建筑及其所属的工业区都与当地居民的生活息息相关，在一定历史时期内记录了他们生活的变迁。将工业建筑改造成与居民日常生活相关的活动场所，如展览馆、博物馆、文化活动中心等，不仅可以丰富他们的业余生活，也可以更好地保留一座城市的记忆，体现出旧工业建筑应有的人文及社会价值。说到老工业基地，就不得不提到沈阳，其中红梅味精在沈阳更是家喻户晓，伴随了一代又一代人的成长。现如今，工厂部分建筑经改造成为了包含音乐现场、美术馆等在内的红梅文创园，成为了沈阳人又一处打卡游玩的好去处。

© 红梅文创园 /AAarchitects + IIA Atelier / 上海洛唐（建筑）摄影有限公司 / 沈阳万科

11.3 艺术审美价值

 旧工业建筑的内部空间比较空旷，因此给了建筑师更多的发挥空间，改造旧工业建筑的过程也是艺术创作的过程。旧工业建筑内部纵横交错的管道、斑驳感十足的墙壁、沉重的铁门，所有这些建筑原有的元素都透露出工业风所特有的魅力。建筑原本所释放的文化及历史底蕴，搭配全新的艺术构思及改造技术，在新与旧的对比下产生了强烈的视觉冲击。正如由旧煤仓改造而来的艺仓美术馆，其内部斑驳的原始框架与现代感十足的艺术展品相得益彰，给人们带来了独特的视觉性冲击。旧工业建筑作为城市文化的一部分，时刻提醒着人们城市曾经的辉煌和坚实的基础，成为了一座城市独特的名片。

© 艺仓美术馆 / 大舍建筑设计事务所 / 田方方

案例赏析
Appreciation

文创空间 · 艺术展示空间 · 综合性商业空间 · 办公空间

1. 弧形墙体做成了鲨鱼的鱼鳃状
2. A 区展厅夹层下亚克力格栅吊顶结合线性照明

北京西店记忆文创小镇

破败仓库下隐藏的秘密花园

项目背景

　　本项目的基地介于北京市东四环与东五环之间，被纵横交错的数条铁轨所分割，随着城市迅猛扩张，其逐渐被孤立和遗忘。初见基地，设计师们戏称其为城市化进程中的处女地。他们看到的是破败仓库藏匿下的一片原始生机，他们占卜到的是一方城市荒漠中的秘密花园。

　　本项目总建筑面积预计为14万平方米，通过引入文化创意类产业来激活片区。作为最先介入的建筑设计方，刘宇扬建筑事务所承接了其中作为引导块的建筑改造设计以及销售中心室内设计的工作。引导块共分为三部分，A区为销售中心以及设计酒店，B区为样板房区，C区为餐饮区，共计约6000平方米。

项目地点
北京市朝阳区高碑店

项目面积
6300 平方米

设计公司
刘宇扬建筑事务所

主创设计师
刘宇扬

项目建筑师
李宁

设计团队
车佩平 / 吴亚萍
廉馥宁 / 杨珂 / 车进
罗坤 / 王潇聆

施工单位
河北中保建设集团有限
责任公司

建设单位
北京梵瑞资产管理有限
公司

摄影
夏至 / 朱思宇

2

设计改造策略

设计前期最大的挑战在于如何在不改变建筑空间轮廓线的前提下，对既定的、错综的仓库空间进行梳理，提高容积率的同时营造空间质量。设计策略上设计师们采用了"接骨"与"疏筋"的方式。将紧挨着的几栋楼联结，重构联结体空间，植入公共功能，作为活化区域的心脏——例如目前我们称之为"车站"的这个空间。

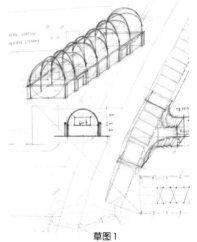

草图1

钢结构作为改造、加建项目首选的结构策略，为设计师们在设计上也提供了很大的创作空间。随着一列火车从长条形的厂房窗外呼啸而过，银色拱顶的车厢意象呼之欲出。设计师们将基地中的建筑想象成等待旅行的车厢。拱顶的原型唤起了他们对神庙、图书馆、车站等经典建筑原型的敬意。通过对标准拱顶屋面的不同组合变化，他们设计了销售中心大穹顶及其中悬浮的夹层等。弧形的元素同时被贯穿到了立面及门窗洞口的设计之中，为粗犷的、原始的土建肌理注入一种早期工业产品特有的人性与精致。

3-4. 建造过程
5. 紧邻铁轨的西店记忆文创小镇

草图2

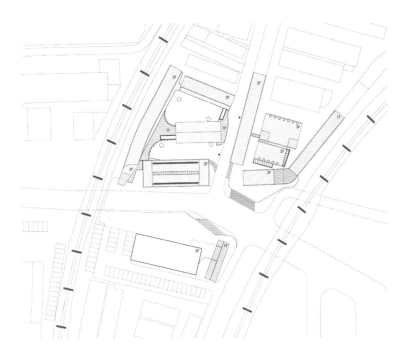

总平面图

0　10　20　　　　50m

N

5

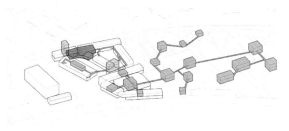

场地策略

鸟瞰效果图

1)"车站"
2)"车站"内院
3)销售中心
4)销售办公室
5)会议室
6)酒店大堂
7)酒店内院
8)客房
9)设备、厨房
10)客房内院
11)商业
12)办公
13)餐饮
14)咖啡吧

一层总体平面图

0 10 20   50m

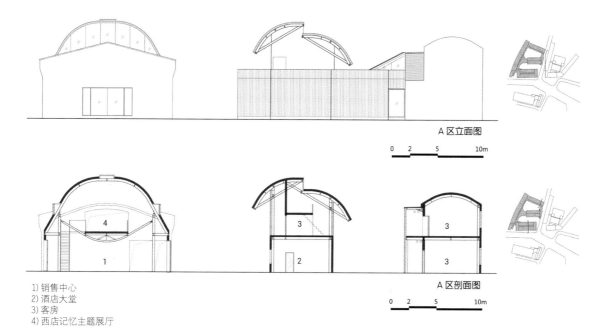

A 区立面图

0 2 5 10m

1) 销售中心
2) 酒店大堂
3) 客房
4) 西店记忆主题展厅

A 区剖面图

0 2 5 10m

6. A 区展厅夹层空间和远处的塔楼
7-9. 建筑原貌
10. 车站内院弧形墙面和鲨鱼鱼鳃状的窗

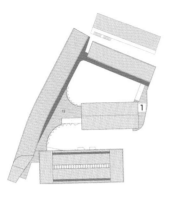

1) 露台

A 区屋顶平面图

0 5 10 20m N

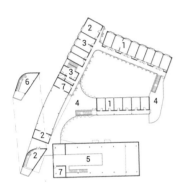

1) 客房
2) 设备、厨房
3) 员工宿舍 / 青旅
4) 露台
5) 西店记忆主题展厅
6) 塔楼
7) 储藏

A 区二层平面图

0 5 10 20m N

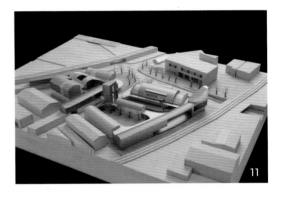

11

1) "车站"   7) 酒店内院
2) "车站" 内院   8) 客房
3) 销售中心   9) 设备、厨房
4) 销售办公室   10) 客房内院
5) 会议室
6) 酒店大堂

A 区一层平面图

0 5 10 20m N

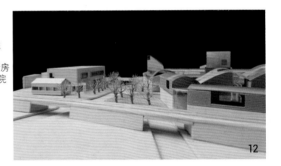

12

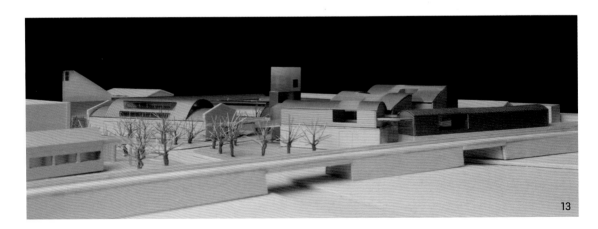

13

11–13. 建筑模型
14. 车站内院墙面和窗
15. B 区西南角，波纹钢板、幕墙与红砖墙面
16. B 区连廊

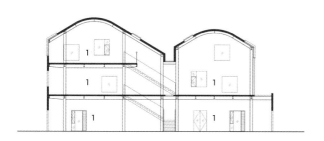

1) 办公

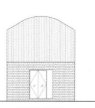

B 区立面图

0   2   5   10m

B 区剖面图

0   2   5   10m

17.酒店内院多种材料的对比，玻璃幕墙、红砖、深灰色钢板与银色波纹钢板屋面
18.车站内院北侧建筑，阳光板和玻璃幕墙
19.酒店内院深灰色钢板立面
20.纯白色的钢结构、悬浮的夹层是销售中心室内的灵魂
21.A 区展厅中悬浮的夹层和银色吸声板吊顶

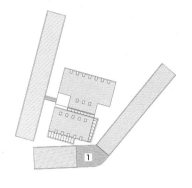

1）露台

B 区屋顶平面图

0 5 10   20m

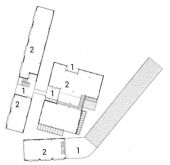

1）露台
2）办公

B 区二层平面图

0 5 10   20m

主出入口

1）商业
2）办公

B 区一层平面图

0 5 10   20m

建筑与装饰材料的选择

立面材料构成自然延续了原始结构与新建钢结构、砌体与幕墙对比的构成语汇。设计师们用黑洞石、青砖、红砖强化原始砌筑墙的厚重与粗犷，加建部分采用不同透明度的幕墙形式，从深灰色钢板、阳光板到玻璃，进而过渡到银色拱形的金属屋面。

纯白色的钢结构、悬浮的夹层作为销售中心室内的灵魂，在室内设计中通过灯光、吊顶材料进一步被戏剧化。银色的吸声板吊顶被几组射灯逐层洗亮，夹层下亚克力格栅吊顶结合照明，为高冷的建筑空间注入了梦幻的艺术氛围。

22

"车站"作为销售中心功能与空间的延续，主要用于商务洽谈。西侧幕墙与项目中轴铁路紧邻，9米挑空，"车站"的称呼由此而来。设计师们在空间正中设置了一个水磨石的三角吧台，其上悬挂双面大时钟，作为空间中的核心。这里的吊顶采用了波形阳光板背藏灯管的做法。线型灯管透过泛蓝的半透明阳光板，挂钟、球形吊灯"悬浮"其中，窗外火车轰隆而过，他们想象着一个联结神秘穿越旅程的空间。

23

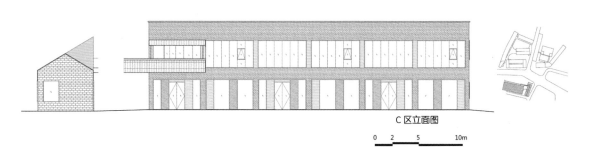

C 区立面图

0   2   5   10m

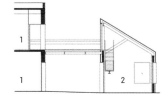

1）餐饮
2）咖啡吧

C 区剖面图

0   2   5   10m

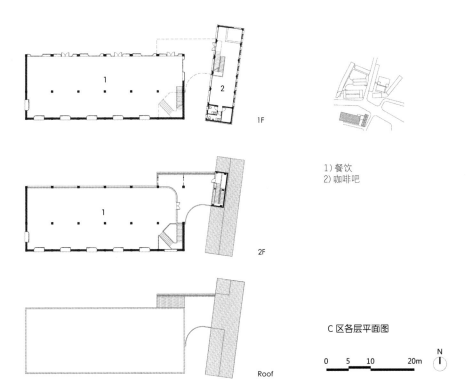

1F

2F

Roof

1) 餐饮
2) 咖啡吧

C 区各层平面图

0 5 10 20m

N

22. 火车从"车站"
窗外轰隆而过
23. 紧邻铁轨的"车
站"空间一侧
24. 车站内院和对面
的 A 区展厅

1. 东立面
2. 南立面

项目背景

本案对上海嘉定京沪高速旁一组 20 世纪 90 年代的工业车间和辅楼进行了全面的改造与更新。方案取"素胚瓷片"为概念，抽离出来的片状弧面形成了建筑外立面的原型母题和主展厅的基本语汇。设计保留了原有的建筑结构和场地关系，但通过内部钢结构夹层的增量，原空间的工业属性被赋予了新的艺术氛围及业态内容。封闭而庞大的车间体量被打开，新置入的景观连廊和玻璃天棚让园区的前后场地得以被连接，室内空间得以更好地被入驻企业及人群所使用。

项目地点
上海市嘉定区华江路

项目面积
14440 平方米

设计公司
刘宇扬建筑事务所

主创设计师
刘宇扬

项目主管 / 项目建筑师
吴从宝

设计团队
王珏 / 陈卓然 / 陈晗
朱成浩 / 胡启明 / 文天启
周斯佳 / 宣佳丽 / 马腾
王军 / 杨一萌 / 周哲
林璨 / 贺雨晴

驻场建筑师
林益洪

建设单位
上海申窑文化艺术发展
有限公司
上海歆翱实业有限公司

摄影
朱思宇

申窑艺术中心一期

由铸铁旧厂房改造而成的陶艺展示艺术园区

2

项目现状

　　本项目地块位于上海市嘉定区华江路，立足于北虹桥区域。这片保有经典工业遗存景象的厂区，随着江桥镇被纳入虹桥商务圈，急需一轮改造更新来优化升级，以适应城市的新发展。

　　厂区内一栋是包含了办公楼、两组大空间厂房以及数个附属小建筑的"生产综合体"；另一栋是板式多层宿舍，建造之初为多层厂房。现场保留的完整结构框架，带有工业的秩序感与大尺度生产车间的强烈空间感。设计的挑战在于继承原厂房大空间的建筑结构，赋予其新的功能，将原有铸铁旧厂房改造为展示陶瓷艺术的创意艺术园区。

设计策略

　　从与原有建筑空间和结构的对话开始，挖掘置入的新功能空间的主题特征，在自身合理组织的同时也时刻跟原有结构体系产生碰撞与磨合。最后，通过对原有结构的局部退让、包裹、强化等空间关系处理，让充满序列感的结构体系暴露在城市空间中。

3. 场地鸟瞰
4. 原厂房内部
5. 北立面改造
6. 厂房改造
7. 北立面

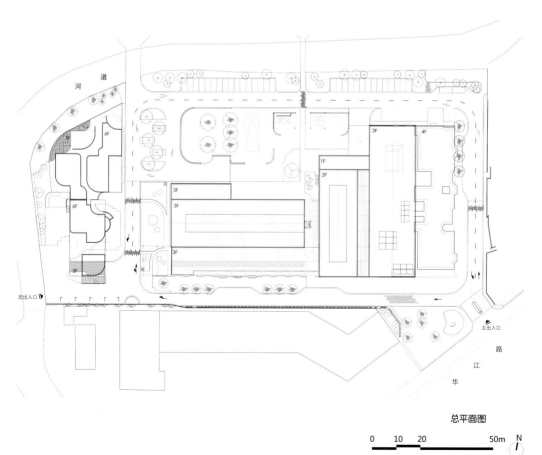

总平面图

0　10　20　　　　50m　　N

8. 东立面
9-10. 南立面
11. 厂房西侧保留
的工业架构
12. 中区

立面改造

设计师们选择正交与曲线组合的这一形式母题，将"素胚瓷片"抽象为片状弧面，结合不同建筑部位，有着三种谱系演绎：内凹的弧形门斗、适应不同空间尺度窗户的弧面窗套、联系阳台上下层贯通的弧面钢板幕墙。这些被系统组织的弧面作为构件，散落在厂区立面的各个位置，赋予建筑特有的立面特征，由此呈现出申窑的主调性。

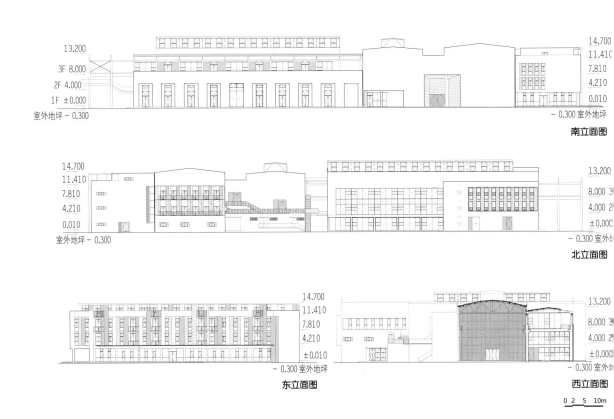

南立面图

北立面图

东立面图   西立面图

0 2   5   10m

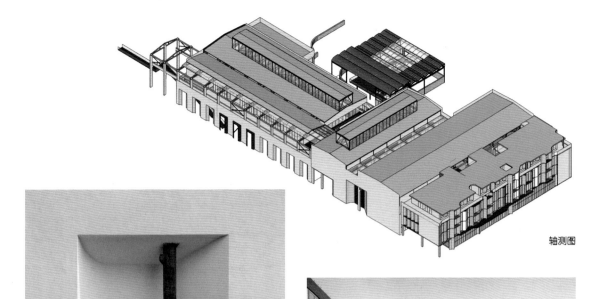

轴测图

9

南立面主入口大尺度的门斗设计，将厂房独有的空间特征向外立面延展。门斗空间裸露出通高结构的单柱，在揭示室内空间的同时发挥空间趣味。

11

10

厂房西侧突出的墙体与屋顶被拆除，作为将来酒店的前场，完整地露出钢筋混凝土的结构骨架。遗留构架的包裹，形成清晰的建筑体量关系，引入玻璃钢格栅幕墙体系，在保持体量完整的前提下，增加了室内空间采光，增加了立面丰富性。

12

室内空间设计

设计师们梳理了建筑内部体量，在原有的大空间结构中灵活地设置并创造不同尺度的多重展示空间，在满足功能的同时注重塑造空间的趣味性，将其从原来的"生产综合体"转换成包含展览、工坊、培训等功能的"艺术综合体"。

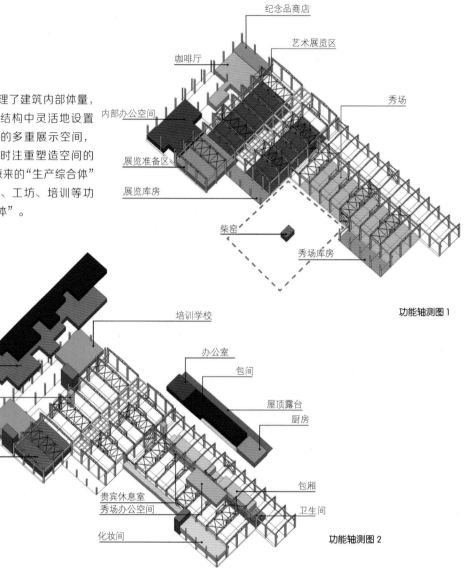

纪念品商店
艺术展览区
咖啡厅
秀场
内部办公空间
展览准备区
展览库房
柴窑
秀场库房

功能轴测图 1

培训学校
员工宿舍
联合办公空间
办公室
包间
电梯间
屋顶露台
厨房
艺术家工作室
包厢
贵宾休息室
秀场办公空间
卫生间
化妆间

功能轴测图 2

13

13. 园区入口
14-15. 中庭

西侧主体厂房内部增加了钢结构，划分出三层主要空间：在公共走廊区设置一组顺应结构的长天窗以及三组方形天窗，将光线引入室内穿透至各层；错落布置玻璃钢格栅＋钢化玻璃楼面，更多的光线被引入厂房的中心区域，光线透过玻璃钢格栅被细分成小尺度的方格形状，在平静的办公空间中与使用者产生互动，感受光线的流动；公共走廊两侧的房间内，置入半透明的阳光板＋玻璃的双层隔断，改善原来空间的采光缺陷又满足艺术空间需要的安静环境。

设计师们将逐步完善在建筑中置入的光井设计，灵动地处理采光与通风问题。穿越各个楼层的"瓷片"内部有楼梯或电梯，隔墙由白色墙体或U形玻璃组成，"光线、弧线、质感"无不让人产生对陶瓷艺术的浓厚兴趣。

14

15

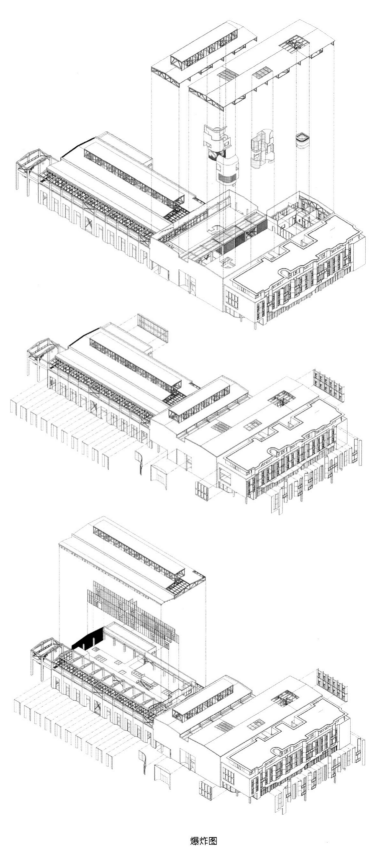

爆炸图

16. 公共走廊
17. 中庭
18. 西立面

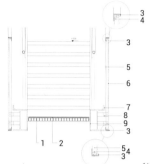

1) 成品玻璃钢格栅
2) 磨砂拉条玻璃
3) 5厚扁钢盖顶
4) 沉头螺钉
5) 透明锁扣板
6) 10厚阳光板
7) 5厚角钢翻口
8) 50×50方钢，螺栓与阳光板立挺固定
9) 5厚钢板侧封板
10) 内置50×50方钢龙骨
11) 20厚防滑玻璃

0 0.10.2 0.5m

楼梯细节

16

17

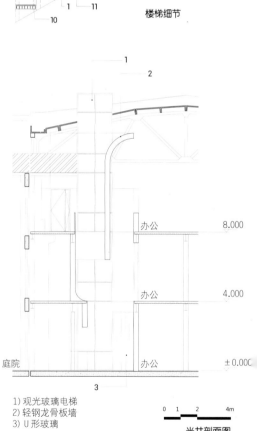

1
2

办公   8.000

办公   4.000

庭院   办公   ±0.000

3

1) 观光玻璃电梯
2) 轻钢龙骨板墙
3) U形玻璃

0   1   2   4m

光井剖面图

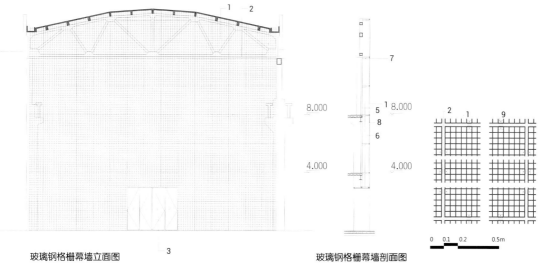

玻璃钢格栅幕墙立面图

玻璃钢格栅幕墙剖面图

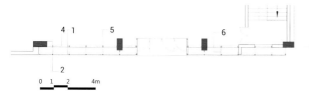

玻璃钢格栅幕墙平面图

1) 成品玻璃钢格栅
2) 4 厚 50×30 角钢，背靠焊接，热镀锌防锈，黑色氟碳喷涂
3) 地弹簧玻璃门，扶手样式待定
4) 窗
5) 50×100 方通立柱，热镀锌防锈，黑色氟碳喷涂
6) 50×50 方通与立柱焊接，热镀锌防锈，黑色氟碳喷涂
7) 5 厚加劲肋板，热镀锌防锈，黑色氟碳喷涂
8) 5 厚 50×50T 型钢，热镀锌防锈，黑色氟碳喷涂
9) 2 厚 20×20 角铝

景观梳理

　　厂房内部功能的退让，将遗留构架暴露给天空，新置入的功能之间也获得中庭空间，打破原来沉闷的空间体量。进一步地，设计师们把厂房腰部拆除，打造成半室外空间，高耸的空间以及完好的屋顶桁架结构都给人带来强烈的震撼。外部景观从前场穿越至后场，被分为东区与西区两部分，以解决厂房占地过大的压力，也便于建筑功能布局的分组与节奏；同时全方位地解决厂房由于大进深导致光线昏暗，从而无法满足日常使用的问题。

L4 工矿灯钢索固定于两侧

L12　　L4　　L12

L13　　　　L13

办公

0　1　2　　4m

三层走廊剖面图

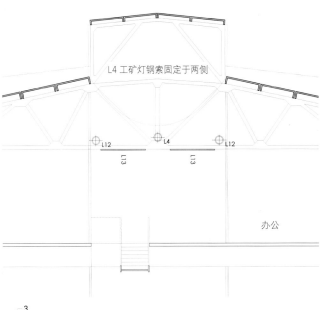

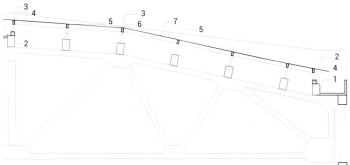

3　4　　　　3　　　7
　　　　5　6　　　　5
2　　　　　　　　　　　　2
　　　　　　　　　　　　4
　　　　　　　　　　　　1

1）防水层
2）现浇钢筋混凝土翻口
3）密封胶封闭
4）2.5厚铝批水板
5）50×100×4热镀锌方钢，表面氟碳喷涂色同窗框
6）50×100×4热镀锌方钢支撑，表面氟碳喷涂色同窗框
7）6+12+6.76，钢化中空下层夹胶玻璃

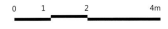

0　　1　　　2　　　　4m

天窗细部

19. 中区屋顶及天窗
20. 公共走廊
21. 厂房西侧外公共
空间
22. 公共走廊

23. 东立面

展望未来

面向未来此片区的进一步发展，设计师们设计预留出用作市民参与公共活动的广场空间，连廊直通"艺术综合体"的内部，作为北广场的入口。一方面意图通过渐进的方式逐步完善空间；另一方面，在设计解剖与重塑文化的同时，让本区域成为周边市民参与互动开放的城市公共空间。

在未来，改造后的"申窑艺术中心"将作为北虹桥艺术示范园区与南侧的公园相呼应，并与江桥周边的万达商业广场等商业资源形成互补，成为北虹桥的新文化地标。

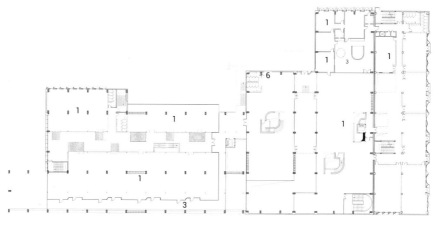

三层平面图

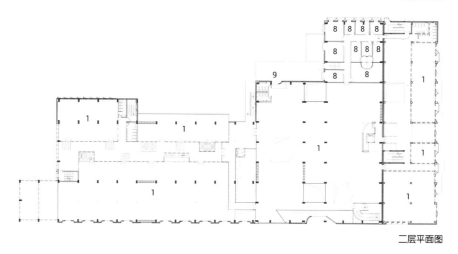

二层平面图

1) 办公
2) 库房
3) 庭院
4) 消控室
5) 水泵房
6) 配电室
7) 大堂

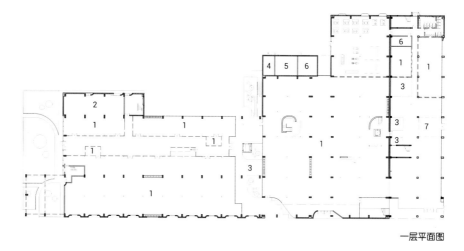

一层平面图

0   10m   20m

1

1. 东立面
2. 从一期工业构架看二期东立面

项目背景

　　申窑艺术中心由原有的旧厂区改造成的以展示陶瓷艺术为主要目的的创意艺术园区。二期建筑南侧主体利用现有的宿舍楼结构进行改建，并在北侧原建筑范围内加建单体。内部空间在原基础上增加新的功能空间，灵活设置并对原空间进行重新整合，在满足功能的同时塑造空间的趣味性。在美学演绎与运用上，透过弧形空间将建筑消解到难以感知原有的秩序。

　　与此同时，立面上采用红色陶土砖搭配白墙犹如陶瓷内胆外露，某种意义上以精致化的过程呈现了从泥土素胚到陶瓷艺术品的过程演绎与延续。曲面墙体组织空间的收放，建筑形态的高低变化丰富了周边的城市环境。

项目地点
上海市嘉定区华江路

项目面积
6936 平方米

设计公司
刘宇扬建筑事务所

主创设计师
刘宇扬

项目主管 / 项目建筑师
吴从宝

设计团队
王珏 / 陈卓然 / 宣佳丽
杨一萌 / 周哲 / 林璨
贺雨晴 / 廉馥宇 / 李陈勰
王宏宇 / 雷施宇

驻场建筑师
林益洪

施工单位
上海叶明实业有限公司

摄影
朱思宇

申窑艺术中心二期

工业秩序下的多功能办公空间

3. 艺术中心鸟瞰图
4. 东南角入口
5. 外立面

项目现状

　　二期主体建筑建造之初为多层厂房，后作为一期主厂区的员工板式多层宿舍。现场保留了完整的结构框架，设计愿景在于继承原空间带有工业秩序感的建筑结构，再赋予其新的功能，将原有宿舍楼改造为创意艺术园区的多功能办公空间。

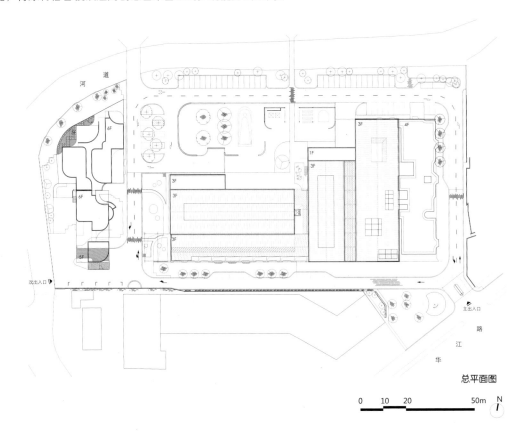

总平面图

0　　10　　20　　　　50m　　N

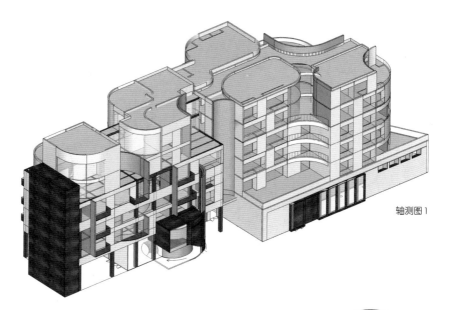

轴测图 1

设计策略

　　二期在整体建筑设计策略上，延续了以"素胚瓷片"为概念的原型。从运用为一期的立面形式语汇到二期成为空间演化的体现；从较为粗放的体量策略到由于风貌约束到今天最后的呈现，是尝试打破与增容，并以空间递进的设计手法来表达破碎与重整的结果。

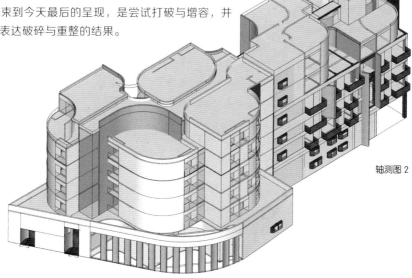

轴测图 2

6

立面改造与室内空间

　　立面设计主要是以内部功能作为支撑的基本语汇。从底部开始，为设计出内部过道式的中庭，对首层进行局部架空，同时也作为建筑的主入口；中庭左侧的室外疏散楼梯保留在原位置。外立面使用了金属穿孔板围合，一方面在形式语言上呈现出较为现代且纯粹的表皮，与主体建筑的碎片化形成对比；另一方面让光线穿透疏散楼梯增加了光照。

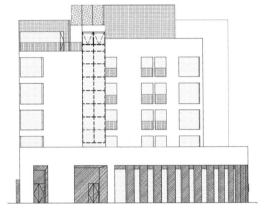

北立面图

7

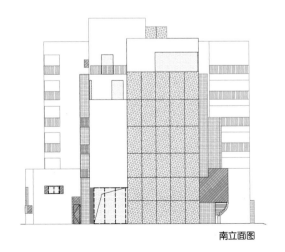

南立面图

6. 底层中庭
7. 户外疏散楼梯
8. 外立面
9. 大堂入口

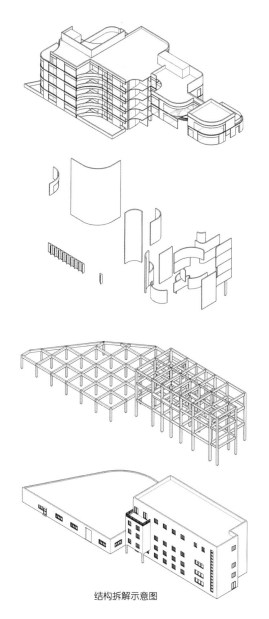

结构拆解示意图

主体内部为解决原结构空间层高的不足所造成的相对压抑感，中间楼层部分在原基础上调整了层高。通过去除中层部分楼板，嵌入新建楼板错开原楼板位置，将梁暴露在立面上，让人在外部能感受到空间骨架基础的雕塑感。外立面基本透过平面上各层以模块房间的空间切割划分出的大空间来决定，以内部关系对建筑外部基本形态进行塑造。

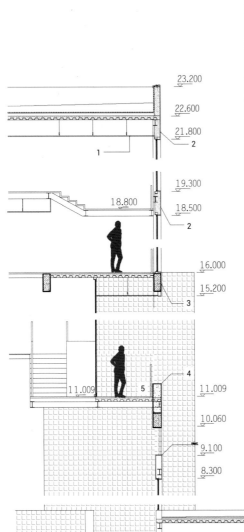

在通往二层的楼梯间设计了一组外凸的主窗户门洞，是行进到二层时向外的延展空间，可以看到内部的楼梯向外旋转而上。大开窗增加了内部空间的自然光照，从平面上也比较巧妙地延续了室外建筑墙面弧线曲面和楼梯的曲线，与窗户内部连接成为一个整体。正是这样，大面积体量上的弧线切割得以在外部正面体现出来。建筑背部主要由平面上对房间的划区分布，勾勒出立面及阳台的关系，分别在整体大的体量上与小阳台之间的局部立面进行分割，弧线的单元组在外部得以更好地反映出来，在视觉上呈现出弧线陶瓷碎片充满雕塑感的概念形态。

10-11. 外立面

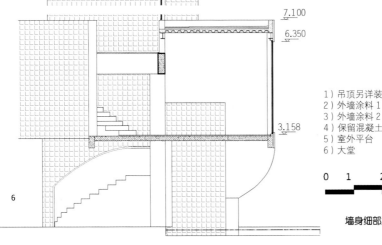

1）吊顶另详装修二次设计
2）外墙涂料1
3）外墙涂料2
4）保留混凝土墙位置
5）室外平台
6）大堂

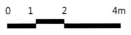

墙身细部大样

东立面图

西立面图

建筑右侧为原一层食堂位置，在建筑基础上保留了原形态与餐饮功能，并在存量空间基础上进行增量，置入了新建的楼层空间。新增加的空间以模块房间的形式进行平面上的切割，分割出的四组空间作为建筑基础形态往上延伸。新增的部分所呈现的是更整体的空间体量关系，左侧原建筑部分的更新在立面上体现得更为多变，新的建筑与原建筑既保持融合关系，又在立面上体现出新旧之间的视觉体量对比，形成了独特且相互呼应的关系。

11

小品设计

　　大堂入口使用一组弧形金属网进行半围合，通透的关系如卷帘般自然切割出大纵深的主空间，中部加入地面射灯使其成为大堂的一处装置。业主保留的两块松木材料，被设计为延续空间模数的两组长凳，保留了弧线的运用让家具物件和大堂空间形成了新的围合关系。

　　在细节上我们对灯具进行了设计，取用了建筑外轮廓的弧线体量，在原弧线基础上利用基本模数进行缩小再调整至合适比例，灯光也被调整到了适应室内空间的照度作为装饰光源使用。

12-14. 首层大堂
15. 室内公共楼梯
16. 室内
17. 弧形楼梯

16

17

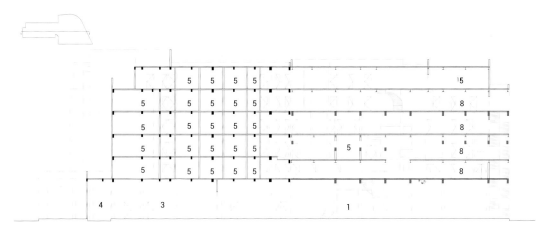

1-1 剖面图

1)大堂
2)办公
3)餐厅
4)庭院
5)客房
6)平台
7)咖啡吧
8)走廊

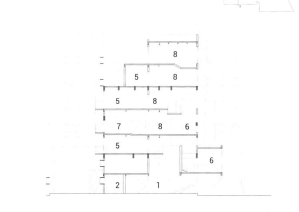

2-2 剖面图

0 2 5 10m

18

18. 东立面
19. 近景水池
20. 东立面

景观梳理

外部根据业主的需求将水池的元素融入景观，于是建筑前场使用水景分布在主要入口道路以外的灰空间中，同时在保留下来的一期基础构架下布置水景，使得一期和二期之间的广场形成整体的呼应关系，水景的运用意外地从前场人行视角上获得了建筑的镜像倒影，延展了空间的层次感。

建筑左侧围墙原来是镂空的金属网相隔开，背后场外建筑的货仓区正对主建筑，设计希望通过竹子隔挡开外部环境，保留干净的空间视觉。后场区有一个作为卸货区的次入口，景观上同样通过种植树木以在视觉上遮挡卸货的场景。河岸边使用了轻质通透的金属网围栏，为整体的建筑与水岸的关系增添了几分朦胧之感。

19

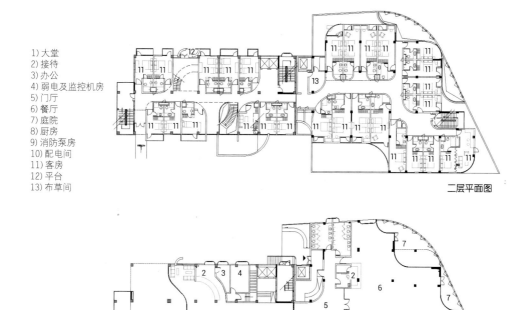

1) 大堂
2) 接待
3) 办公
4) 弱电及监控机房
5) 门厅
6) 餐厅
7) 庭院
8) 厨房
9) 消防泵房
10) 配电间
11) 客房
12) 平台
13) 布草间

二层平面图

0 5m 10m   20m

一层平面图

21. 外立面
22. 一期与二期中庭

展望未来

　　申窑艺术中心二期是距离京沪高速最近的一栋楼，以窑主题营造出强烈雕塑感的空间是对园区场所氛围的回应。所处的地块在未来将发展成为北虹桥商业区，为迎合周边需求，业主决定将原设计为酒店的空间转型为主要以办公为主的空间。

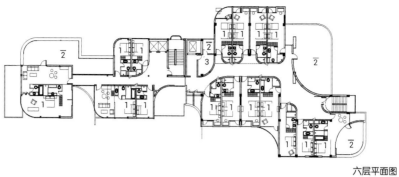

六层平面图

1) 客房
2) 平台
3) 布草间

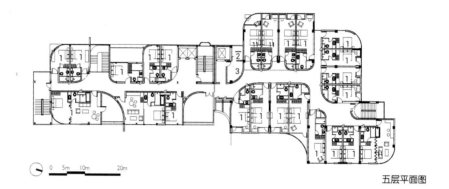

0 5m 10m   20m

五层平面图

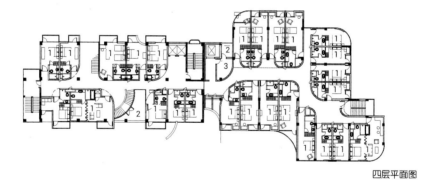

四层平面图

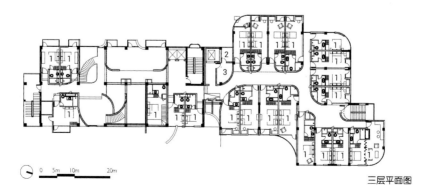

0 5m 10m   20m

三层平面图

1-2.16 号楼发酵艺术中心

项目地点
辽宁省沈阳市

项目面积
14489.71 平方米

业主设计团队
孙明君 / 李苑婷 / 李岳霖
王成奇 / 李星谊 / 杨思仪
付童

建筑设计
AAarchitects + IIA Atelier
上海筑汐建筑设计有限公司

主创设计师
Hiroshi Aoki / Yoshiko Sato
董晓江 / 高路

施工图设计
沈阳新大陆建筑设计有限公司

室内设计
广州杜文彪设计

景观设计
德国拉茨与合伙人景观规划
事务所 LATZ+PARTNER
沈阳绿野建筑景观环境设计
有限公司

施工单位
沈阳建业建筑工程有限公司

管理团队
孙明君 / 南津 / 夏宁远
罗宏 / 李艳玲 / 谭珊 / 郭陕

摄影
上海洛唐（建筑）摄影有限
公司 / 沈阳万科

项目背景

　　东北从不缺文化，需要的只是复兴；建筑从不曾老去，要做的只是再生。

　　在 20 世纪 90 年代之前，东北是全国城市人口比例最高的地方，这里更早地拥有了真正的城市文化。工厂不仅构建了东北人的生活，还构建了东北人的文化。老工厂厂房改造项目的设计要从时代大背景谈起，要从产业的迭代革命谈起，红梅文创园的诞生要从城市谈起。铁西区因位于长大铁路西侧而得名，东西向与南北向的铁路彼此交错，四角闭合成的不规则方形就是沈阳铁西区。这里是中国的工业区，作为沈阳的代表性区域，这里曾被誉为"共和国装备部"。红梅味精厂是铁西众多工厂之一，历史可追溯到 1939 年，经历年代的更迭，建筑的风格和表情非常丰富。

红梅文创园

老牌味精厂里的城市文化再生空间

设计策略，原始场地

　　场地的 4 栋建筑尺度不一，破损程度不同，呈现出有趣的空间多样性。建筑之间的序列完整地保留了工厂原有的生产流线，原料从铁轨运进厂，站台卸货到原料库，再取样到研究所化验，到发酵厂房发酵，再到提纯车间提纯。设计从整理场地关系和建筑关系开始，将新的文化功能植入旧有建筑，将破损的建筑修复加固、洗刷干净，焕然一新面向大众开放。

3. 园区俯视图
4-6. 老厂房
7.1 号楼原料库

红梅文创园建筑单体集合

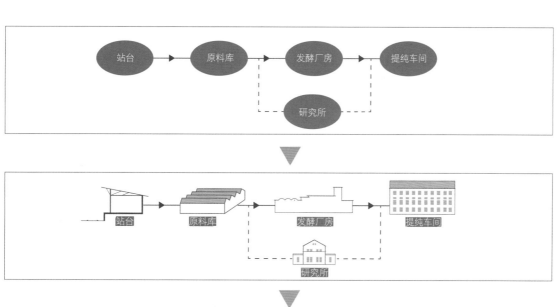

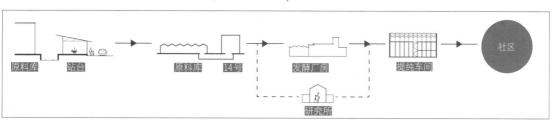

工厂顺序

空间概念

　　1号楼原料库的"六折山墙"代表着当年大量储存原料的空间能力，代表着生产力。原料的储存代表了生产能力，象征着能量，位于整个厂区的东南角，紧邻街道。Livehouse 级的大型演出场所植入于1号楼，吸引文化新能量，聚拢人流，开启一场丰富多彩的文化之旅。

8.1 号楼原料库正面
9-10.1 号楼原料库室内
11.1 号楼原料库侧面

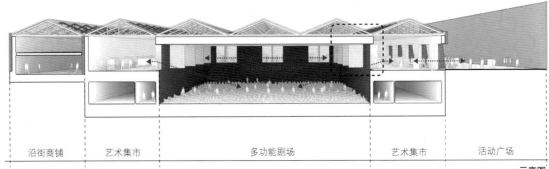

| 沿街商铺 | 艺术集市 | 多功能剧场 | 艺术集市 | 活动广场 |

示意图

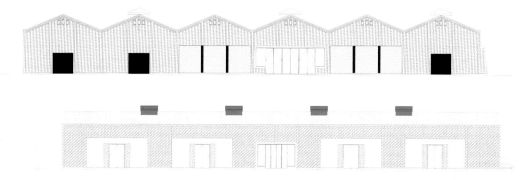

1号楼立面图

2号楼是四栋建筑中体量最小的，却是生产中最重要的环节发生的地方，在这里得到的试验数据输出给各个生产车间，指导生产。同时，2号楼东立面面对园区主入口，西立面和16号楼一墙之隔，南立面面向园区绿地广场，北立面面向园区主干道。这栋楼的东、南、北三个立面都起到不同的衔接和对话作用。南立面由于严重破损，设计在恢复原立面尺度的同时采用扩大入口，向城市和绿地广场充分展示建筑的开放性和包容性。

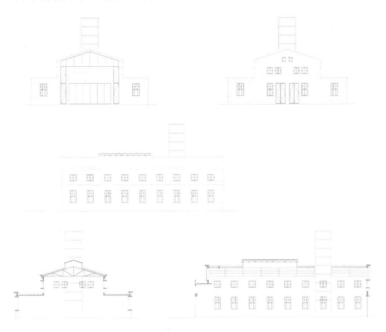

2号楼立面、剖面图

同时，设计保留了本建筑的输出功能，定位为文创品商店。采用竖向u形玻璃材料，再现原有烟囱的高度，白天的半透明乳白色和晚上通过照明产生的效果，成为进入园区后的标志发信塔。

12. 文创体验馆内部展示空间
13. 2 号楼沈阳故宫文创体验馆
14-15. 12 号楼红梅书店

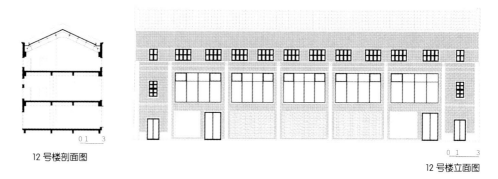

12 号楼剖面图

12 号楼立面图

12 号楼与其他几栋建筑比起来在园区内并不显眼，但是它的内部空间丰富多彩，层高变化格外有趣。建设方希望在这里做一个融合办公和展示等功能的创意书店——红梅书店。这是一个读书咖啡、开放式办公、小型展示和发布的多用空间，分别从一层随层高的变化逐层布置，动线也是从动到静。

12 号楼的北立面面向园区主干道和体育广场，将书架意象的立面设计融入一层的立面设计，向经过的人群提示这座楼的功能，吸引四周的居民和更多的人流。

16.16 号楼发酵艺术中心
17. 发酵艺术中心夜景
18－19.16 号楼发酵艺术中心室内
展示空间

16 号楼是故事最多的一栋楼，也是体量适中的一栋，是整个园区的中心所在。一个回游式美术馆是 16 号楼的最美归宿。原有厂房为置放大型设备在楼板上开了很多大洞，改造选择性地将原有洞的形态保留，用玻璃楼板替代。16 号楼三连拱部分体现了当时工厂厂房的建造工艺，是结构美和空间美结合的经典，也是改造后美术馆的大型展厅所在。

新设 2 层到 3 层的坡道透过面向园区主要道路的立面玻璃和园区内的其他建筑及活动进行对话。三连拱部分保留了两个原有的发酵罐设备，永久地纪念着在这个空间中曾经如火如荼的大生产时代。

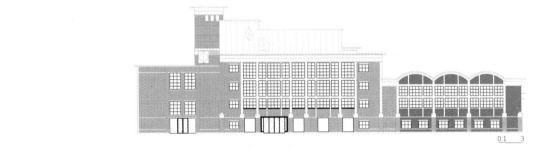

16 号楼北立面图

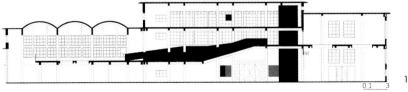

16 号楼剖面图

对文创园设计的一点思考

　　文创园作为文化创意产业的聚集地是城市更新的一部分。时代发展，世纪更替，产业不断进步革命。近 30 年来随着新的生产方式和生产力的出现，旧的生产方式下建造的厂房及附属空间也需要不断更新，需要适应新的生产关系下所需要的功能。接下来，会有更多类似的项目发生，以此项目作为设计研发的开端，可以不断思考创新。

20-22.16 号楼发酵艺术中心室内
23. 红梅文创园大门

23

1. 黄浦江边的美术馆
2. 咖啡馆与长廊空间

项目背景

工业文明是上海城市发展自身现代性的重要部分。随着后工业时代的城市功能的更新，诸多的工业建筑作为上海城市发展史的重要部分，拆除还是改造以及如何改造，变成一个有意义的话题。在上海，有无数的工业建筑因为工厂的搬迁而成为临时的废墟，它们有的会被保留，大多数则会被拆除，并在原址建设新建筑或者公共绿地。不过在黄浦江的两岸，随着 2017 年浦江公共空间贯通计划的推进，人们已经意识到更多工业建筑保留的空间与文化价值。

改造主题

老白渡煤仓改造于 2015 年前即已开始，当时面临过险些被拆除的命运，好在 2015 年第一届上海城市空间艺术季在这里安插了一个案例展的分展场，策展人冯路和柳亦春将工业建筑的改造再利用作为主题，在原本被部分拆除的煤仓废墟中，借助于影像、声音和舞蹈，举办了一次题为"重新装载"的艺术与建筑相结合的空间展览，让人们能设身处地地意识到工业建筑的价值，以及将煤仓变身为公共文化空间的意义。煤仓的物业持有者及其未来美术馆的进驻方在这次废墟中的展览看到了工业建筑粗糙的表面与展览空间相结合的可能性与力量，欣然接受了基于保留主要煤仓空间及其结构的改造原则，不仅把原来的画廊升级为美术馆，更是直接将美术馆命名为"艺仓"美术馆。

2

项目地点
上海浦东老白渡滨江

建筑面积
约 9180 平方米

设计公司
大舍建筑设计事务所
同济大学建筑设计研究院（集团）有限公司

设计团队
柳亦春 / 陈屹峰
王伟实 / 沈雯 / 陈昊
王龙海 / 陈晓艺
丁洁如 / 周梦蝶

建设单位
上海浦东滨江开发建设投资有限公司

施工单位
中国建筑第八工程局有限公司

摄影
田方方 / 陈颢

艺仓美术馆

废墟的重生

3

改造要点

  然而升级后的艺仓美术馆对于展览空间面积的需求远大于现有煤仓空间面积，为更好地组织空间，并极小地破坏现有煤仓结构，设计采用了悬吊结构，利用已经被拆除屋顶后留下的顶层框架柱，支撑一组巨型桁架，然后利用这个桁架层层下挂，下挂的横向楼板一侧竖向受力为上部悬吊，另一侧与原煤仓结构相连作为竖向支撑，这样既完成了煤仓仓体作为展览空间的流线组织，也以水平的线条构建了原本封闭的仓储建筑所缺乏的与黄浦江景观之间的公共性连接。

0 25 50 100
10

区位示意图

3. 美术馆立面与钢桁架楼梯
4. 可穿越的公共空间

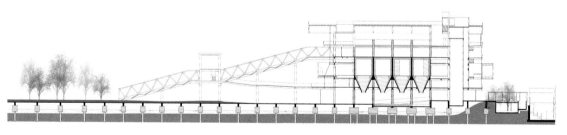

b-b 剖面图

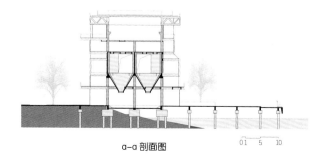

a-a 剖面图

01 5 10

略微错动的横向层板既作为空间也作为景观，仿佛暗示了黄浦江的流动性特征。而呈 V 字形编织的纤细的竖向吊杆也赋予了改造后的艺仓美术馆以特别的形式语言，它与既有的直上顶层的钢桁架楼梯通道的外观形式也取得了很好的协调。

煤仓并非孤立的构筑物，它原本和北侧不远处的长长的高架运煤通道是一个生产整体。作为浦江公共空间贯通计划中的老白渡绿地景观空间，煤仓和高架廊道的更新如何成为新的滨江绿地公园的一部分是一个更重要的话题。如何将既有的工业构筑物有效保留，既呈现出作为工业文明遗存物的历史价值，又赋予新的公共性及其服务功能，是设计必须解决的问题。高架廊道也采用了悬吊钢结构系统，这个钢结构利用原有的混凝土框架支撑，既作为原有结构的加固和高处步行道的次级结构，又作为高架步道下点缀的玻璃服务空间顶盖的悬吊结构，这样这些玻璃体不再需要竖向支撑，在这种纤细轻巧的结构和原本粗粝的、饱经沧桑的混凝土结构间呈现时间张力的同时，也获得了极好的视觉通透性，极大地保证了景观层面的空间感。

5. 从美术馆望向长廊
6. 煤斗展厅
7. 新老结构

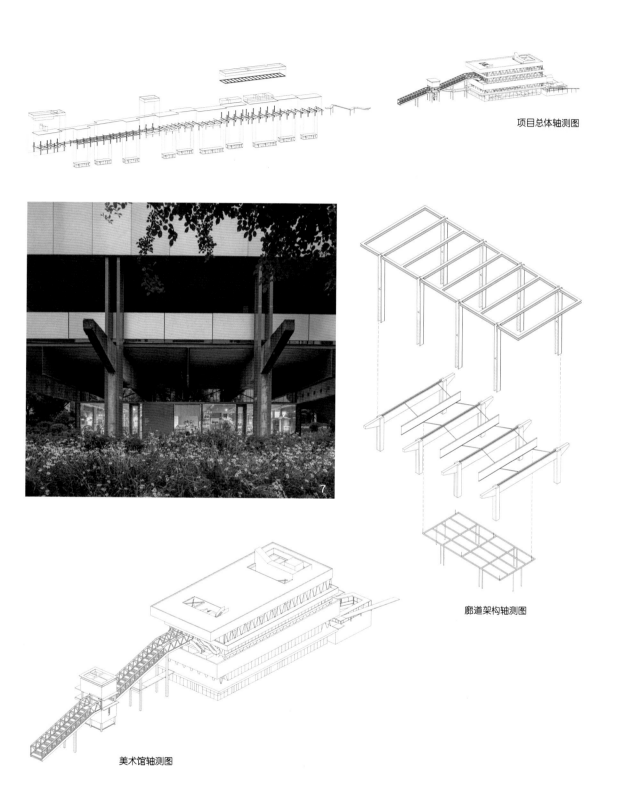

项目总体轴测图

廊道架构轴测图

美术馆轴测图

项目改造后所带来的公共价值

作为老白渡景观绿地的一部分，整个煤仓和高架廊道在满足新的文化服务功能、构建新旧关系并置的同时，还应成为浦江公共空间贯通中一处重要的公共空间节点，这是设计更为潜在的任务。高架的步道、步道下的玻璃体艺术与服务空间、上下的楼梯、从一方水池上蜿蜒而过的折形坡道、直上三层的钢桁架大楼梯、在大楼梯中途偏折的连接艺仓美术馆二层平台的天桥、美术馆在闭馆后仍能抵达并穿越的各层观景平台与咖啡吧、穿过美术馆后南侧的折返坡道与公共厕所，这些都在构建独特的属于老白渡这个工业煤炭渡口区域城市更新后的公共性与新的文化形象。它将公共的美术馆功能与原有的工业遗构有效结合，在满足美术馆内部功能的同时，又赋予公共空间以极大的自由度，这也为美术馆在新时期的运营带来了新的可能性。

人们在沿江平台经过时，可以看到原状保留的煤仓漏斗，进入美术馆内部，除了期待在里面正在发生的精彩展览之外，不断进入人们视野的旧时煤仓的结构也同时成为另一种永不落幕的展览，作为艺仓美术馆的空间内核，向人们讲述这个地点曾经的历史故事。最重要的，这些曾经的废墟是作为一种"活物"而不是"死物"被留存在新的生命体内。

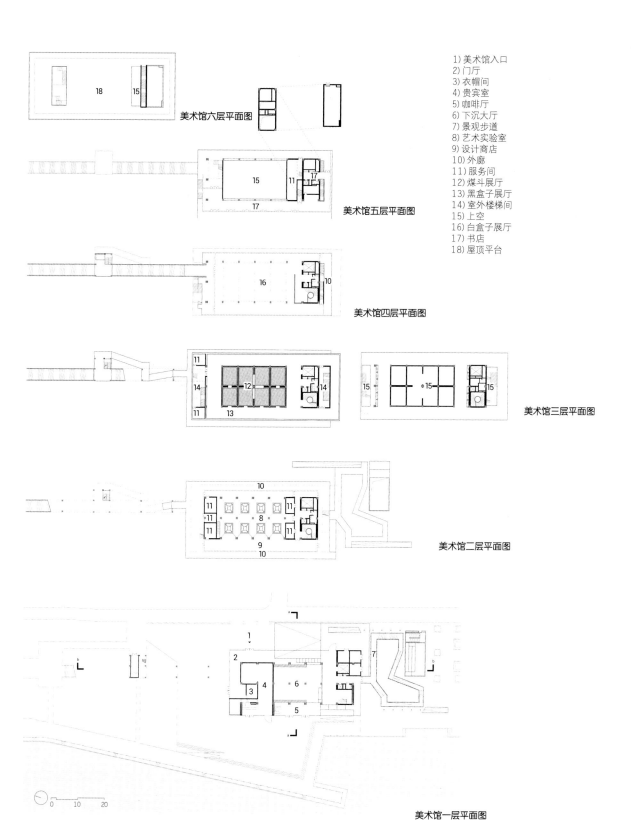

1) 美术馆入口
2) 门厅
3) 衣帽间
4) 贵宾室
5) 咖啡厅
6) 下沉大厅
7) 景观步道
8) 艺术实验室
9) 设计商店
10) 外廊
11) 服务间
12) 煤斗展厅
13) 黑盒子展厅
14) 室外楼梯间
15) 上空
16) 白盒子展厅
17) 书店
18) 屋顶平台

美术馆六层平面图

美术馆五层平面图

美术馆四层平面图

美术馆三层平面图

美术馆二层平面图

美术馆一层平面图

0 10 20

10

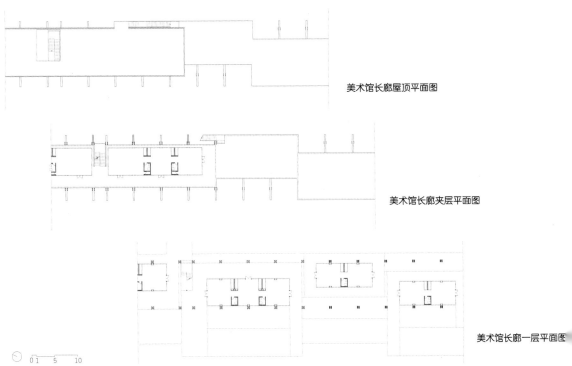

美术馆长廊屋顶平面图

美术馆长廊夹层平面图

美术馆长廊一层平面图

0 1　5　　10

11

10. 煤斗大厅
11. 煤斗展厅
12. 室内旋转楼梯
13. 改造前的煤仓

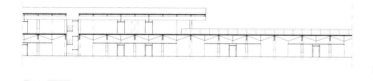

美术馆长廊剖面图

0 1   5   10

12

13

1. 水系穿透形成停留空间
2. 朝向北侧的入口

项目背景

　　菲美特金属铸造厂是位于通州城关镇的老厂子。20多年来，这些铸造钢铁的坚固厂房矗立在京杭大运河边，留下了一段辉煌的工业时代。随着北京城市副中心确立，这里被规划为副中心CBD核心商务区，而这个老厂子，在这种开发的浪潮中，是被毁灭，还是能够延续一些文化的基因，也许意味着北京城市副中心能否真正成为一个城市文化副中心的关键。在成功运作了几个老工业遗产开发项目后，普罗建筑被邀请为这个运河边的老厂区策划一个新的转变，让这里成为北京的"西岸"。

项目地点
北京市通州区

项目面积
1900.57 平方米

设计公司
普罗建筑
officePROJECT

主创设计师
常可 / 李汶翰

设计团队
姜宏辉 / 张昊 / 赵建伟
冯攀遨 / 袁博 / 林旺铭
陈斌斌 / 魏斌（驻场）
王佳桐 / 扈诗雨 / 吴香丹

摄影
孙海霆 / 夏至 / 常可

运河美术馆

由废弃金属铸造厂改造而成的美术馆

建筑功能的确定

在多番探讨过后，整个工厂最终被策划改造为一个以办公为主的艺术型创意产业园区。但是，如何处理离河岸边最近的一片工厂生活配套区，成为一个难题。这片由四座一层条形单元宿舍房以及园区小食堂组成的区域，建筑面积小，分散；由于改造建筑轮廓线不能变动，这样的平面布局作为办公空间很难利用。那么不作为办公，是否可以引入一座公共的美术馆呢？把整个区域统合起来，使其成为"一座没有大门的艺术馆"，让文化和艺术成为整个产业园区的引擎，同时，给公众一个河边的文化社交空间，这是一个让人兴奋的想法！

最核心的功能确定下来之后，设计师们就开始逐步解读场地，使其与设计师们所期望的功能相契合，匹配出一个新生的建筑体，即理想的美术馆原型建筑。

3. 美术馆原始基地 – 废弃的工厂宿舍区
4. 改造前基地位置
5. 改造后的创意园区与美术馆
6. 时间的洞口
7. 朝向广场的水平建筑体
8. 一个河边的文化社交空间

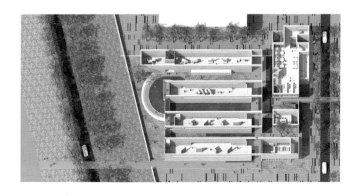

8

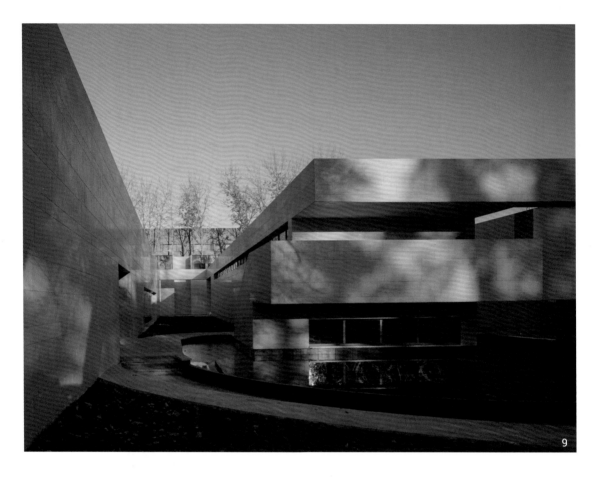

设计思路

  原本场地中分散的建筑体量只能称之为"展厅群",却无法成为"一座美术馆"。如果设计师们不将这些建筑体看成体量的"集合",而将体量之间"空"的部分看成是在一个整体上的"挖出",也就是将加法转化为减法,就得到一个"整体"的美术馆。通过一系列的"挖出"操作,形成一系列凹陷的洞穴。这些"洞穴"将原来展厅群的外部空间,实质上转化为完整美术馆的内部空间。"洞穴"组合成了贯穿整体的人工"隧道"。"隧道"被每块巨石展厅所围合,时间、空间、风、声音、水都在这里交汇。这种如同行走在结构内部的感受,唤起了人们对艺术的原始冲动,形成了身体层面的艺术场域。时间在这里仿佛不再是单一线性的元素,而成了一种循环。

9. 风、光、水在这里交汇
10. 水上悬浮的迷宫
11-12. 建筑模型

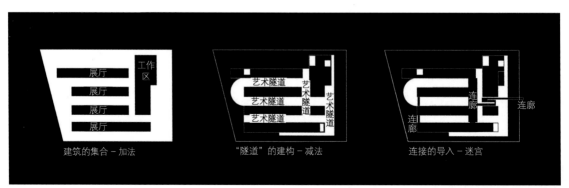

建筑的集合 – 加法   "隧道"的建构 – 减法   连接的导入 – 迷宫

从加法到减法 – 空间生成图解

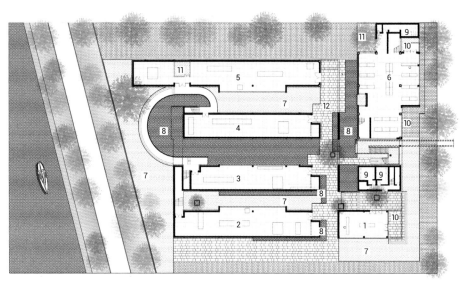

1) 咖啡厅
2) 展厅 1
3) 展厅 2
4) 展厅 3
5) 展厅 4
6) 办公
7) 草坪
8) 水池
9) 厕所
10) 下沉入口
11) 庭院
12) 连廊

总平面图

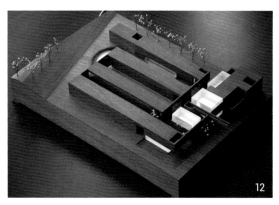

室外迷宫设计

　　原本静置的排屋被组织成一组相互锚固的巨石与石洞，这些交错的"隧道"成为周边城市空间的交汇点，也构成了美术馆的室外公共迷宫。迷宫空间这种古老的空间体验的探索感是一般的功能效率空间所无法比拟的。通过构建光影"迷宫"空间，传统封闭的美术馆空间就成为了开放式的户外"公共艺术场域"，其展览与展品，与展示方式，与参观互动的游客都更紧密并有所关联，而不是一个孤零零的精美建筑体。一个鲜活的美术馆由此诞生。

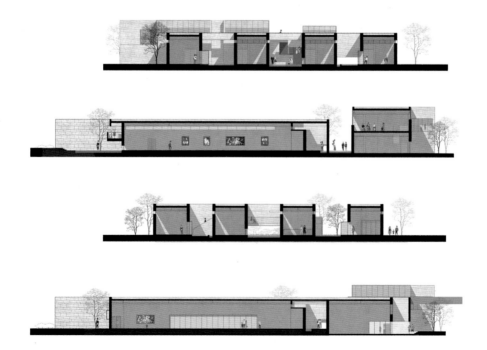

剖面图

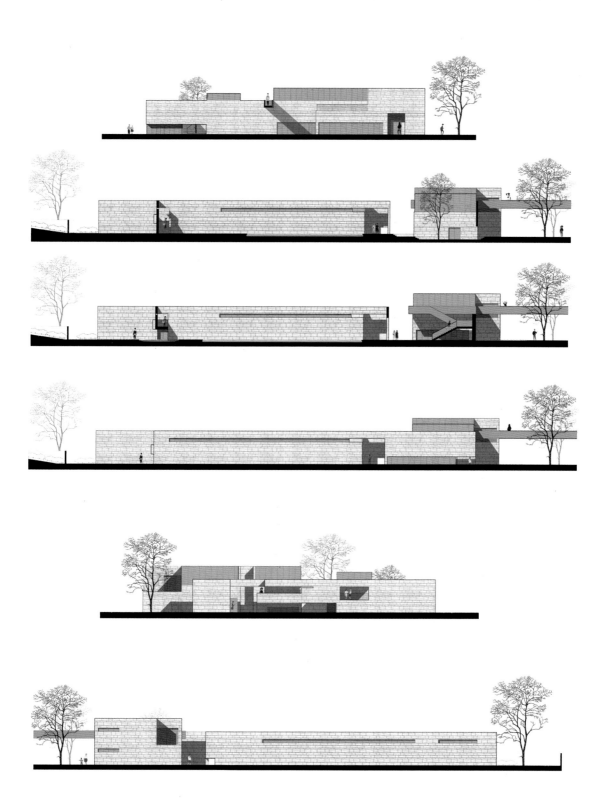

立面图

为了更好地体现巨石迷宫的光线与岁月感，设计师们选择了沉香米黄砂岩作为外墙的主材，并在分隔上做了大量的研究对比，并做了一比一的真实比例样墙，以使得最后美术馆呈现一种最大化的"完型"感。地面为了与之匹配映衬，采用了细点黄金麻花岗石，并做了相应的模数分隔处理。

运河美术馆其实很特殊，它虽然体量很小，却并非是一个自给自足的封闭单元，它既是园区内部的一部分，又是园区开放的窗口，同时又由于可以和外部隔岸相望，因此美术馆的定位从一开始就是一种开放空间与箱庭空间的融合，是外部与内部视角的相互转化空间。

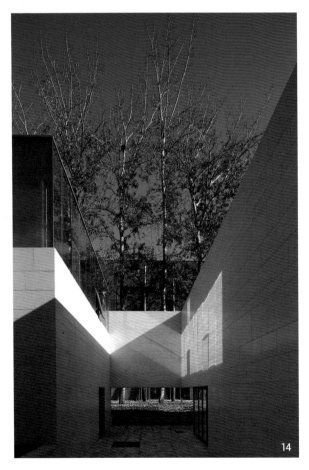

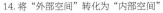
14. 将"外部空间"转化为"内部空间"
15. 沉思之廊
16. 巨石走廊

再回到场地本身，虽然这部分体量依旧矗立在园区围墙内，但是它特有的地形高差，使得美术馆一直和外界的运河堤岸形成了一种特别的隔（物理位置上的分隔）与不隔（视线上的沟通）的关系。因此在靠近运河的一侧，设计师们设计了架高半层的外廊，与地面的石洞隧道遥相呼应。在这个架高的层面上，他们可以越过园区的围墙与墙外的车流人流共享运河的美景，吸纳其成为美术馆的外部环境。同时，这些架高的连廊也是将几个独立展厅串联成一条完整又丰富的参观流线的重要一环。

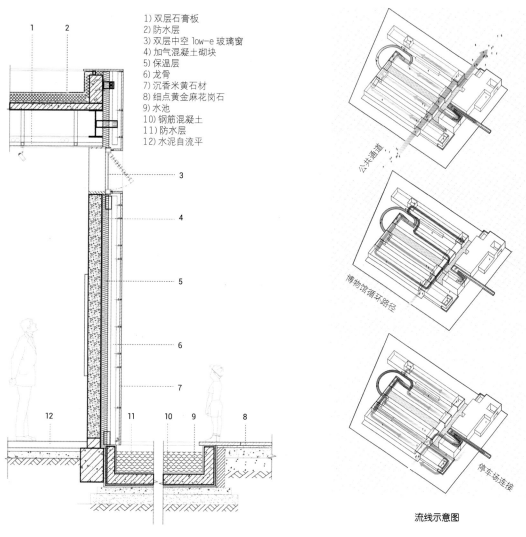

1) 双层石膏板
2) 防水层
3) 双层中空 low-e 玻璃窗
4) 加气混凝土砌块
5) 保温层
6) 龙骨
7) 沉香米黄石材
8) 细点黄金麻花岗石
9) 水池
10) 钢筋混凝土
11) 防水层
12) 水泥自流平

墙身节点详图

公共渠道

博物馆循环路径

停车场连接

流线示意图

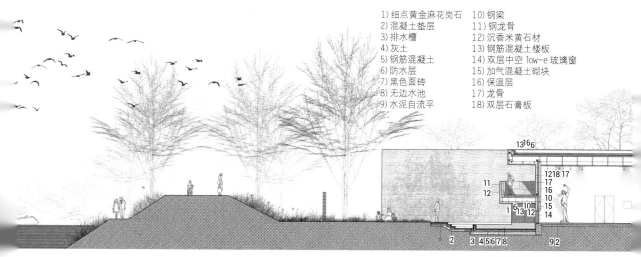

1) 细点黄金麻花岗石
2) 混凝土垫层
3) 排水槽
4) 灰土
5) 钢筋混凝土
6) 防水层
7) 黑色面砖
8) 无边水池
9) 水泥自流平
10) 钢梁
11) 钢龙骨
12) 沉香米黄石材
13) 钢筋混凝土楼板
14) 双层中空 low-e 玻璃窗
15) 加气混凝土砌块
16) 保温层
17) 龙骨
18) 双层石膏板

与运河关系剖面大样图

17

水系设计

设计师们为每条展馆都设计了不同的水系，水的流动也在引导着人们不断探索。在第三条展厅的后部形成了一个半圆形的无边水池，在这里建筑与围墙、弧形的水池一起构成了一个丰富的广场空间。地面一层、下沉层、架高层这三个空间层次让单层的美术馆获得了垂直向的立体游览体验。在展馆内，通过低窗的设计，建筑间的水系也成为展馆内的展示元素，使室内外展区模糊了边界。

除了美术馆自己内部的设置和连接，还有一条贯穿整个园区的"空中之廊"，这条流线从园区中央办公区的二层廊桥跨越而出，再下到地面进入到美术馆的入口售票厅。因此借由不同的角度进入美术馆内会看到不同的景观，体验到不同的水与地面，与墙面，与参观的人流的种种不同关系。这些不同自然是十分重要又特殊的体验，也是设计师们对传统中国园林的一种转译尝试。同时，这些外部联结将人不断引入美术馆的"公共艺术场域"中，使人的活动本身也成为了展品。

18

19

设计师寄语

普罗建筑的设计师们一直认为，改造是一个起点，一种途径。鲜活而纯粹的艺术不应该被其手段所束缚，而应该导向更多义的建构。如何回应建筑的场所，如何创造更开放的生活，是他们设计探讨的重点。他们相信场地本身就有它诉说故事的力量，只是静静等待着能与它们交流的设计师的出现。而运河美术馆的力量就在于时间与场所的对话。通过对原始场地空间逻辑的继承与转译，设计师们将分散的"展馆群"构建成给予人身体包裹性的"美术馆整体结构"，同时，将美术馆彻底变成了生活中的街道空间。这说明，未来的艺术空间将更关注于回归人原始内在的体验与感受，而不仅仅停留于对艺术品本身的展示。通过运河美术馆的项目可以看到，当艺术与生活相交融，艺术就不会存在大门。

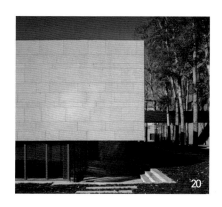

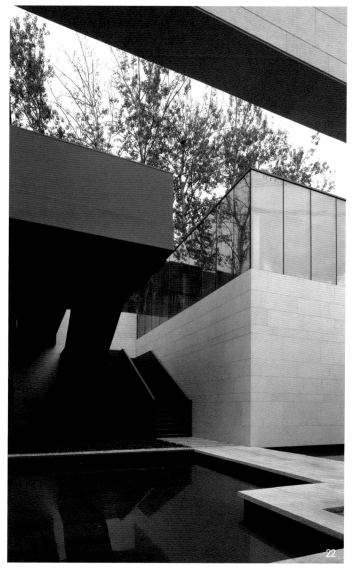

17-19. 弧形水池连接两边隧道
20. 空中之廊与地面下沉悬浮入口
21. 没有大门的艺术馆
22. 空中之梯进入美术馆

1

1. 建筑表皮的金属幕帘
2. 建筑外观局部

项目背景

　　由WallaceLiu建筑设计事务所设计建造的重庆工业博物馆，是在既有钢铁厂遗留骨架的基础上改建而来的。这座新落成的博物馆面积为7500平方米，是该老工业园区更新发展计划的一部分，旨在展示该地区所蕴含的浓厚钢铁文化，以及相应的社会和工业历史。

项目地点
重庆市

项目面积
7500 平方米

设计公司
WallaceLiu

合作单位
中机中联工程有限公司
CMCU Engineering
Co.,Ltd.

摄影
Etienne Clement

2

重庆工业博物馆

既有钢铁厂遗留骨架的改建与更新

3.直接通向中庭大厅的
博物馆入口
4-6.建筑改造前原貌
7.老厂区所在地原貌

改造与新建

　　新建建筑采用的是轻钢框架结构，从而满足了在既有老厂房混凝土结构柱之间置入新体块的可能。建筑师受保留下来的层层老结构梁柱穿插的场所的启发，决定打破原有厂房狭长空间的印象，用穿插于老柱之间漂浮的金属箱体，在地面层营造一种开放、复杂且沉浸式的空间体验。这样做的目的，是让来访者不仅停留于历史线路的展览环境，且能够亲身体会老厂房空间的震撼力，近距离地接触老的建筑元素。

　　这些悬浮的金属箱体由位于不同高度的桥梁相连，当参观者在不同箱体间穿梭时，可以近距离地观察既有的老横梁，以及梁上承载桁车的老轨道。这些插入的新体块围合限定了一个半开敞的、建立在已有设备基坑基础上的大厅。参观者在穿过廊桥时，可以暂时从展厅中抽离出来，俯瞰大厅和周边的历史构筑，与真实的历史环境建立视觉和情感联系。

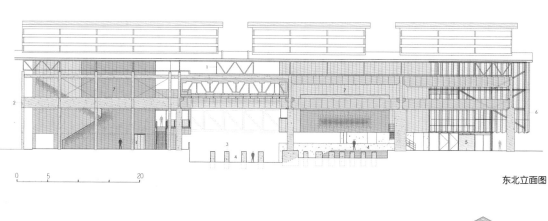

东北立面图

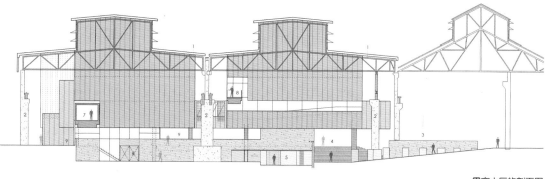

贯穿大厅的剖面图

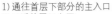

1) 通往首层下部分的主入口
2) 灵活的展示大厅
3) 永久性展示空间
4) 放映室
5) 书店
6) 保留的梁和柱
7) 混凝土柱子

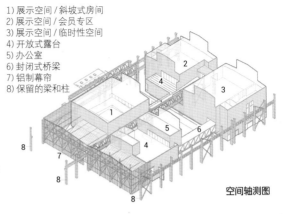

1) 展示空间/斜坡式房间
2) 展示空间/会员专区
3) 展示空间/临时性空间
4) 开放式露台
5) 办公室
6) 封闭式桥梁
7) 铝制幕帘
8) 保留的梁和柱

**保留下来的原有结构和
新建下沉大厅轴测图**

空间轴测图

1) 主厅屋顶灯
2) 通向露台的空间
3) 原始的屋顶线被保留并使用
4) 铝制幕帘
5) 保留的柱和梁

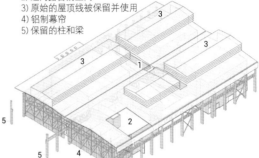

中庭大厅改造

　　承载中庭大厅的基坑是原有厂房的冷却设备基础坑。基坑中阵列式排列的混凝土矮柱，是早先用于支撑大型工业设备的设备基础。改造后的大厅空间，主要用于博物馆临时的展览活动，鼓励灵活开放的公众参与。这个大厅与周边景观紧密衔接，营造顺畅和开放的公众流线。

带有屋顶的轴测图

8

8. 用于博物馆临时展览活动的中庭大厅
9. 中庭大厅中排列的混凝土矮柱，最早用于支撑大型工业设备
10. 中庭远景
11. 悬浮的金属箱体由位于不同高度的桥梁相连

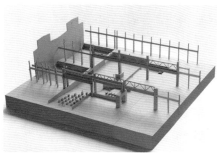

封闭的博物馆空间需要一套完整的保温隔热体系。而中层大厅的存在，创造了一个几乎不需要设备供热、供冷和通风的舒适的灰空间。建筑师认为在重庆这样的冬冷夏热的地域环境中，遮阴且通风的灰空间的存在，在公共建筑设计中非常重要。这个中庭大厅的底层基坑两侧设置有衣帽间、洗手间、纪念品商店、放映室和博物馆序厅等一系列对自然光要求较低的空间。

建筑模型

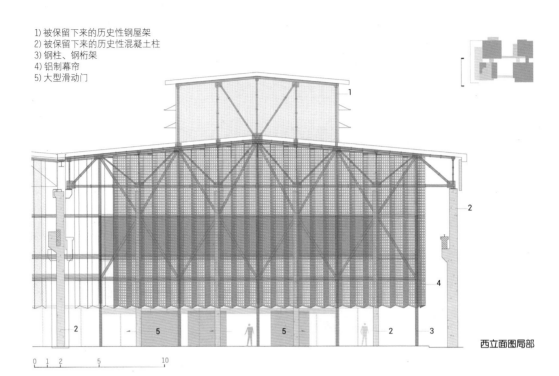

1) 被保留下来的历史性钢屋架
2) 被保留下来的历史性混凝土柱
3) 钢柱、钢桁架
4) 铝制幕帘
5) 大型滑动门

0 1 2   5   10

西立面图局部

外立面改造

在进入博物馆的公共广场一侧，是博物馆的咖啡厅和餐厅，以及纪念品商店的一层入口。这个公共外立面，是一个悬挂的铝制冲孔板幕帘。幕帘的支撑结构是一组基于老建筑结构模数而设计的轻钢构架。老建筑的混凝土挡风柱被保留下来，穿插在新的轻钢结构之间。新老穿插丰富了入口空间序列的层次。

这层悬挂铝板幕帘距离地面约3米，表面采用设计师特殊设计的色彩，巧妙的结构关系使得这层幕帘显得非常轻薄，内部空间若隐若现，也和钢铁厂原有混凝土柱的厚重感形成了鲜明的对比。借由一天中不同时段的不同光照，冲孔板幕帘会形成不同的阴影，更加强化了新老元素的交错。

幕帘在包裹封闭餐饮空间的同时，营造了一层从室内向室外过渡的灰空间。这些过渡空间为建筑师致力营造一个开放流动的博物馆入口边界创造了条件，并平衡了公共建筑所需要的大尺度立面与人尺度之间的关系。封闭、半开放、开放空间序列的建立，让建筑与场所能够有效地互动；打破了传统封闭式、大体量、厚重的博物馆建筑的一般做法，让公共建筑能够真正地承载更多的公共活动。

12. 轻盈的幕帘和钢铁厂原有混凝土柱的厚重感形成了鲜明的对比
13. 幕帘下的开阔空间

13

1-2.外立面细部，还原
原始的水泥质感

项目背景

    随着潮流时尚的发展，传媒对影像及图片的要求也变得越来越高。在此背景下，一线城市里出现了很多方式和风格独特的摄影师，北京著名摄影师柳宗源就是这其中比较有个人风格的一位。

2

项目地点
北京

项目面积
1000 平方米

设计公司
CUN 寸 DESIGN

主创设计师
崔树

设计团队
马川 / 赵阳
焦云奇 / 王旭

摄影
王厅

UTTER SPACE 柳宗源工作室

旧仓库里的复合型艺术空间

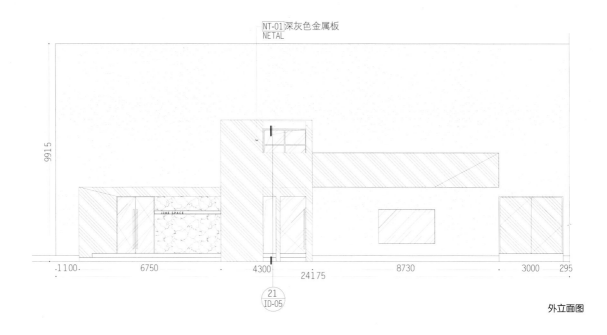

NT-01深灰色金属板
NETAL

9915

.1100. 6750 4300 8730 3000 295
24175

21
ID-05

外立面图

2019年初他找到"CUN 寸 DESIGN"，希望为自己位于北京一个老建筑库房的摄影工作室做设计。于是在一个傍晚，设计师与柳宗源聊了3个多小时，而交流之中他们都感觉到，在今天，设计、影像、艺术甚至是音乐等一切能给人们带来美感的事物，都已变得边界模糊而又充满新鲜感。

所以设计师们把这次的空间性质由纯粹服务于摄影工作需要，调整成为一个集工作、美术馆、活动等为一体的复合型空间。这样反而让这个空间在任何一条路上都更加彻底而纯粹，它的名字叫作 UTTER SPACE。

3. 项目外观
4-6. 现场原始照片
7. 室内空间概览

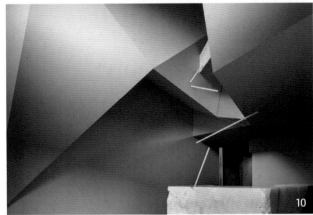

帮建筑找回自己

这个建筑是 20 世纪 60 年代的一个老仓库,第一次到达现场时,看到整个空间被重新做了特别混乱的分割和结构搭建。由于空间以前本来的用途也是影棚,所以整个建筑的内壁做了装饰板,顶面也被全部喷黑。作为一个经验丰富的设计师,还是可以透过俗气的装修,看到隐藏在它后面的充满历史感的建筑本体。

8. 接待区
9-10. 接待区细部
11. 前厅中的峡谷造型装饰

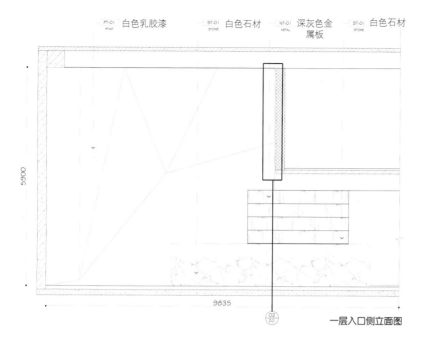

PT-01 PTINT 白色乳胶漆 　ST-01 STONE 白色石材 　NT-01 NETAL 深灰色金属板 　ST-01 STONE 白色石材

5900

9835

02 05

一层入口侧立面图

NR-01 NIRROR 银镜
WD-04 WOOD 白色免漆板

吊灯

白色石材 ST-01 STONE 　ST-01 STONE 白色石材 　PT-01 PTINT 白色乳胶漆 　WD-02 WOOD 木饰面

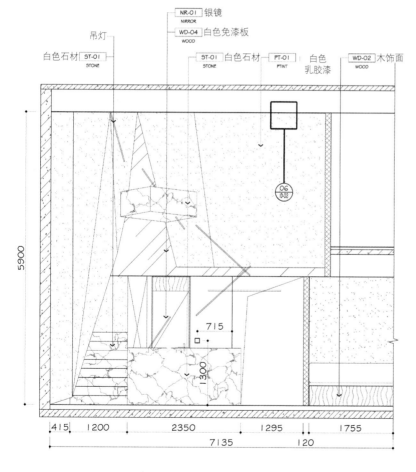

5900

715

1300

06 ID-02

415　1200　　2350　　1295　　1755

7135　　　120

一层入口立面图

于是设计师们首先开始了第一项工作，帮建筑找回它自己。经过半个月的拆除，他们把整个老建筑的原始样子还原。在这个过程中，设计师们发现本来的水泥墙体有着特有的历史和岁月的痕迹以及时间的美感。朝西一面，建筑的外窗也被拆出来，原来在下午会有温暖而美丽的金色夕阳投射到室内，让整个空间气质发生转化。此外，吊顶的结构完全呈现出历史感，混凝土的预制板也充满了时代感，同时又有种莫名的未来性。于是设计师们花了一个月的时间，用水洗的形式把整个顶面的原始水泥质感洗刷和重现了出来。当整个建筑被还原出来的时候，它已经安安静静地在那里，随着光线的变化自具美感。设计师崔树觉得有的时候改造以前，设计师应该懂得尊重原始和具有能发现美感的眼光。

11

12. 大影棚，三层空间循序渐进
13. 大影棚，保留老建筑的结构和材质

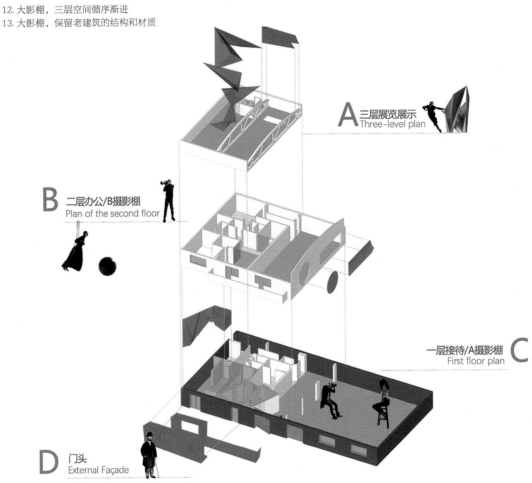

A 三层展览展示
Three-level plan

B 二层办公/B摄影棚
Plan of the second floor

C 一层接待/A摄影棚
First floor plan

D 门头
External Façade

项目分析图

设计营造过程

在建筑被挖掘出来以后进入到了第二个阶段的工作——设计营造。这次不同，设计师崔树居然不舍得下手去处理这个本就美好的空间。于是，他通过两周的时间思考到底用一个怎样的方式介入设计营造。

中国智慧里有一个词叫作"舍得"，意思是只有舍去一些贪婪才能得到意想不到的结果，换成西方的设计语言可能等同于"less is more"。因此对于设计师来说，如何控制自己的介入和动作的选择就变得尤为重要！

设计师们首先按照接待、拍摄工作、后台工作、展览等的动线把一个空大的空间设置出两条动线，其中一条属于平面动线，另外一条属于立面垂直动线。首先这两条动线都呈环状闭合，其次就是它们连接而不交叉。

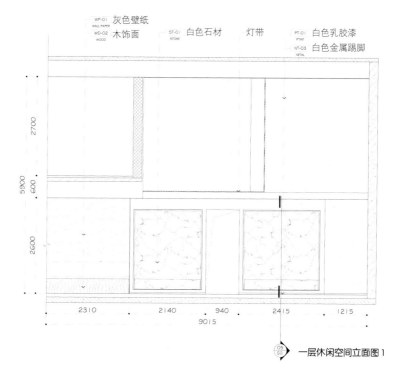

一层休闲空间立面图1

一层休闲空间立面图2

接下来设计师们围绕这两条动线，分配了面积及功能分区，使整个结果更有依据而理性。所以无论是一楼的接待厅、大影棚，还是二楼的小影棚及工作室，再或者到三楼的独立空间，都是循序渐进的递进，非常合理和有节奏感。

利用空间本来就有的结构，设计师们把二楼、三楼分别做了递进退台的处理，这样三个空间之间又产生了丰富的关系。

二层影棚侧立面图

14–16. 从二楼摄影棚的窗洞看向一层大影棚
17. 从二层望向三层空间

16

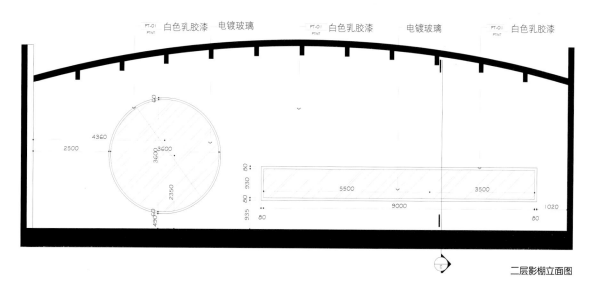

PT-01 白色乳胶漆　电镀玻璃　　　　PT-01 白色乳胶漆　　电镀玻璃　　　　PT-01 白色乳胶漆
PTINT　　　　　　　　　　　　PTINT　　　　　　　　　　　　PTINT

2500　4360　3600　3600　2350　435\0

80　930　935　80　5500　3500　9000　1020　80　80

二层影棚立面图

17

119

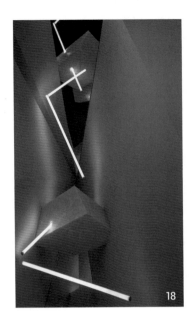
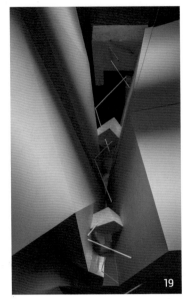

装饰过程

当把结构、功能以及空间节奏都安排妥当以后，设计师们进入到了装饰阶段的工作。这个时候崔树选择了极度克制自己，让最原始的建筑尺度、材质关系去做表演者。

首先设计团队在前厅的空间，利用层高安排了一个峡谷的造型，使得这个接待空间变得充满幻想和冲击力。值得一提的是，在这里设计师们是利用整块石材自有的质感，去表达和表现设计的美。设计的力量就来自设计师们选择让灯光穿过吊顶上的小石块儿，一直到达直穿整体的石头前台，用这样的手法来表达石头透光的绚丽和本来的重量之美。

到了大影棚，建筑本来的魅力和张力征服了一切。设计师们保留了所有的老建筑与时间的痕迹，让东西方向与一天的阳光光线对话，给南北方向加入石材的质感语言，与几何体窗户构成对话。如此既会感觉质朴有力，又会体会到设计师们加入的处理，所以这个部分是设计力度的控制。

18-20. 灯光穿过石块显示石块的重量之美
21-22. 连接影棚的倾斜墙面
23. 几何形的窗洞

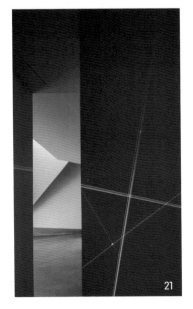

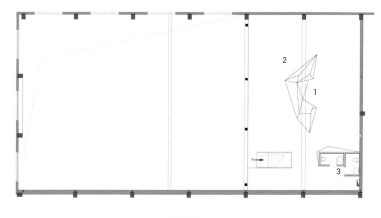

1) 三层展厅
2) 休闲区
3) 公共卫生间

三层平面图

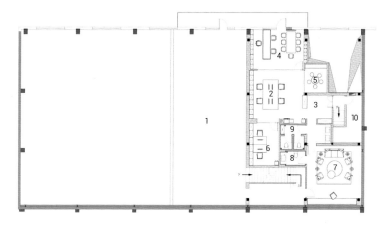

1) B影棚
2) 员工办公空间
3) 办公空间入口玄关
4) 总监办公室
5) 财务室
6) 会议室
7) 艺人化妆间
8) 艺人卫生间
9) 公共卫生间
10) 库房

二层平面图

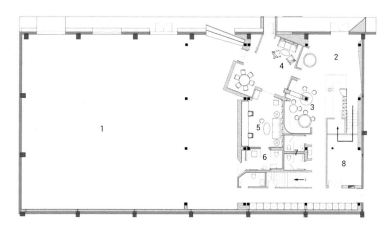

1) A影棚
2) 入口大厅
3) 前厅休闲空间
4) 艺人休闲室
5) 艺人化妆间
6) 艺人卫生间及更衣间
7) 公共卫生间
8) 库房

一层平面图

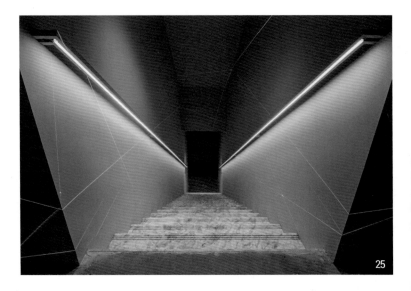

25

最后到二层与三层，设计师们做了递进的处理，让每一层都能望向大厅。二层给人更加包容和衔接的感受，你可以说它是消失的存在感，因为它的两面主墙面，同时属于一层空间和三层空间。

三层设计师们做了加强的表达。在一个充满力量感的建筑顶梁空间里，他们加入了石材与金属，在结构和材质上和这个秘密的空间来进行对话，你可以理解成妥协的存在，也可以理解成合作的相互依存，更可以理解成破坏对抗和不相融合。所以它充满了力量而又没有标准答案，可能这就是设计师筹建它的魅力所在。

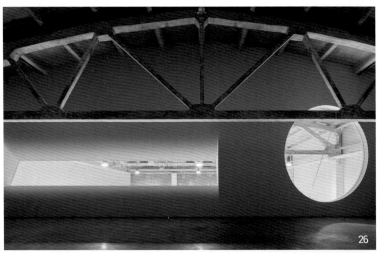

26

24

27

24. 石材和金属与空间对话
25. 通向二层的楼梯间
26. 二层小摄影棚
27. 三层休息区
28. 桁架结构塑造充满力量感的空间

28

最后，在这次设计中，设计师们并没有去制作更多的造型或者使用更多的材质，而只是做了挖掘和选择，然而所有的工作反而非常具有挑战性而又有创造力。设计有的时候成功于思考而不是干预！或许真正能打动人的，正是设计中的包容和可能性。

1. 夹层楼板和墙面上开凿互相嵌套的圆形和半圆形缺口
2. 展品分散布置在空间中

项目背景

项目场址是在原上海冶金矿山机械厂区里，一间 1958 年的小型单层坡顶仓库，占地 435 平方米。这个长方形的空间内部，因为历经修整，建筑原有的金属工业痕迹几近消失，只有三角形的屋架和屋顶上的老虎窗还带有那个时期厂房的特点。该项目是 JOLOR 迦乐家居邀请西涛设计工作室更新打造的一个不只是家具店的展示艺廊。JOLOR 是一个新兴的本土家具品牌，品牌主理人聚集了众多国内外优秀设计师，注重打造多元化的、注重细节和材质的家具产品。跟当下各行各业的新生力量一样，JOLOR 灵活地结合了线上线下销售展示的方式。

项目地点
上海市

项目面积
740 平方米

设计公司
Atelier tao+c 西涛设计
工作室

设计团队
刘涛 / 蔡春燕 / 王唯鹿
刘国雄 / 汪艳 / 韩立慧

摄影
夏至

2

改造要素

　　设计师在单一的空间内部，构筑起两片横亘高耸的黑色墙体，将空间切成 1:2:1 的三进，形成中间展厅和两边侧廊，分出主次区域和高度层次，以适应于不同大小体块的家具陈设场景。两组长达 25 米的连续墙面，也可以作为举办各种小型展览及活动的背景。同时为满足更多的展示需求，设计师在两片新建墙体之间搭建出夹层楼板，并在墙身和楼板处设计开凿出一些互相嵌套的圆形或半圆形缺口。楼板从墙上开口处挑出，形成两边侧廊的室内露台，通过两处不同形态的楼梯到达。墙上一些几何形的开口，让厚重的体积感变得生动，并提示入口和路径，空间上下前后形成多种穿透和虚实关系。

3. 项目外观，由小型仓库改造而来
4. 原仓库建筑三角屋架及老虎窗
5. 更新后的建筑内部
6. 钢结构平台
7. 从开口望向展厅和楼梯，几何形开口让墙面显得更加轻盈
8. 高耸的黑色墙体分割空间

　　沿着楼顶上原有的一个狭小老虎窗，设计师用白色的锥体承接屋顶和引入光线，巧妙形成了天光采集放大装置。阳光从老虎窗射在锥体内侧的斜面上，被反射到空间内。不同的时间段，从圆形旋转楼梯上楼，可以看到阳光被牵引入室内，在黑色水磨石侧墙上或在正下方的家具展品上投下光斑。

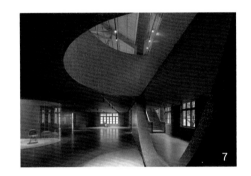

7

8

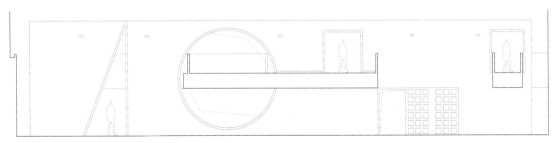

剖面图 1

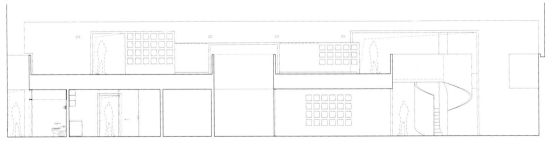

剖面图 2

9. 白色锥体下的展品及锥体细部
10. 白色锥体将光线引入室内

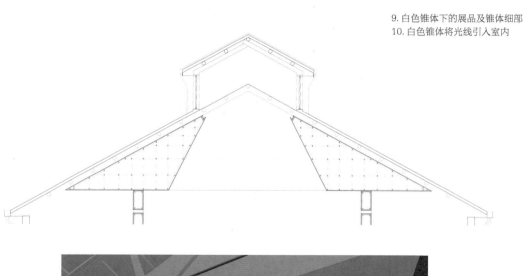

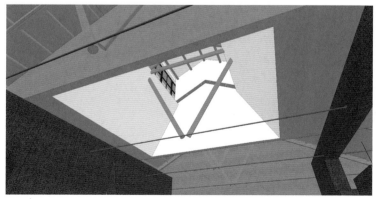

采光盒子剖面图

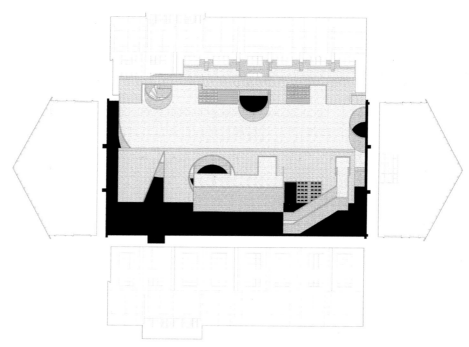

轴测图

效果呈现

　　暗色的背景里，光束倾洒于整个展陈空间内，精心分散布置的产品仿佛漂浮在深夜海面；以此达到产品被空间更好地烘托浮现，吸引观者的注意力，提供沉浸式的探店旅程体验。

10

1. 内庭院与种植平台
2. B 栋公寓外观

项目改造背景

全至科技创新园位于深圳宝安区沙井街道的北部。沙井街道地处深圳市西北部，珠江口东岸，东邻光明新区公明办事处，南靠福永街道，西濒珠江口，北与松岗街道相连。借助地理优势和便捷的交通路网，沙井从 20 世纪 80 年代中至 21 世纪 10 年代初蓬勃发展了低端制造产业。

随着经济产业的发展，沙井从乡村面貌逐渐变成遍地是工厂和民房的城市空间。大量工厂的建设吞噬了原有优美的湿地和农田。这些低端制造产业衍生的工业园区粗暴迅猛地在城市边缘无序扩张。无论是工业园区内部，还是园区的外部城市空间都形成了形态单一的场所。人性化的诉求让位于高效的生产方式。厂房及宿舍也只是能快速建造的"豆腐块"形式的建筑类型。除了物理环境变化之外，经济快速发展也影响着沙井人的生活方式和传统习俗和观念。新的居住空间、商业空间和城市公共空间缺少对城市肌理脉络和传统文化生活的梳理与回应。此外，随着后工业时代的来临，成本上升迫使低端产业外迁，老工业园区需通过升级改造来满足新的社会和市场需求。

2

项目地点
广东省深圳市宝安区
全至科技创新园

项目面积
40000 平方米

设计公司
墨照建筑设计事务所

主创设计师
曾冠生

设计团队
罗文国 / 麦梓韵 / 陶俊羽
沈家源 / 吴炳福 / 韦锡艳
陈雅婷 / 洪凤莲 / 陈勋

景观设计团队
罗文国 / 沈家源 / 胡蝶

室内设计团队
罗文国 / 麦梓韵 / 陶俊羽
吴炳福

摄影
张超

全至科技创新园改造
后工业时代的人文社区营造

3. 前广场和街道
4. 改造前园区入口
5. 改造前的外走廊 L 形宿舍
6. 改造前的两栋内走廊宿舍
7. 园区周边大量的低端制造工厂

　　全至科技创新园则是在这种时代背景下生成的典型工业园区。设计的改造范围是三栋总建筑面积为 3 万平方米的厂房和三栋总建筑面积为 1 万平方米的宿舍。通过功能升级，将原厂房生产车间改造成研发"智造"空间，而宿舍改造成公寓。在这次改造之前，园区已完成容积率提升的拆除重建：通过拆除两栋五层高的厂房，在拆除后的空地上新建了一栋高层厂房。因此，这次园区升级改造是在保留未拆除建筑的前提条件下，改善提升原有建筑空间和环境品质，并创造积极的城市公共空间和人性化场所。同时，设计师希望通过绿色人文空间的重塑，营造与沙井当地相融合的建筑空间和社区氛围。

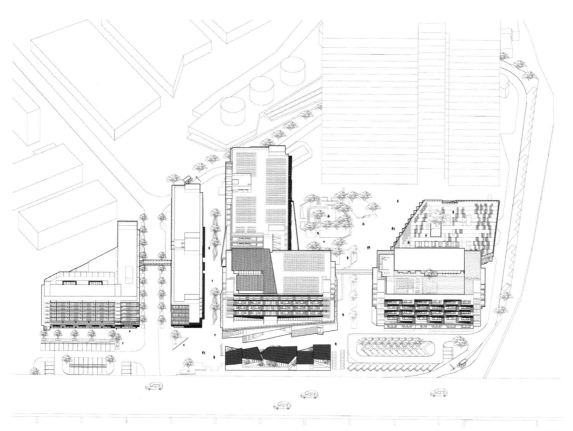

总轴测图

7

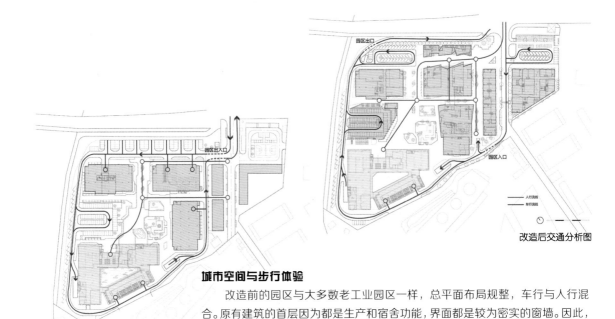

改造后交通分析图

改造前交通分析图

城市空间与步行体验

  改造前的园区与大多数老工业园区一样，总平面布局规整，车行与人行混合。原有建筑的首层因为都是生产和宿舍功能，界面都是较为密实的窗墙。因此，园区中间原有的大庭院并未形成积极的公共空间。设计的开始，则是先系统梳理整个园区的公共空间体系。首先，为了实现人车分流，设计师把原有地块东南角的园区配电房转移到宿舍建筑的一层。园区内的车道和停车空间便可沿着园区整个外边界而展开布置。于是，优化后的车行流线实现了最大化无车的步行空间：从园区东北角的入口空间开始，一直连续到内庭院。连续的步行空间联系着配套公共功能和每一栋楼的门厅，让人能惬意地穿梭生活在园区里。

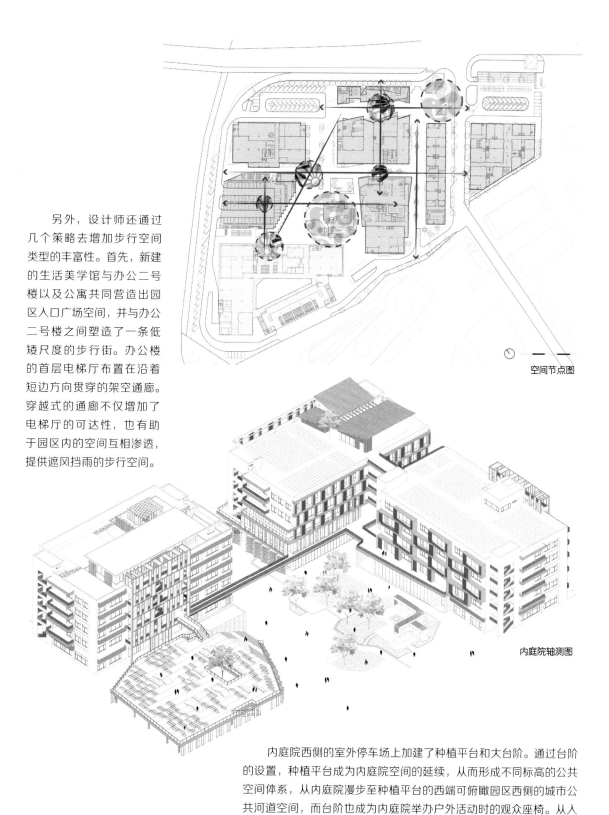

空间节点图

内庭院轴测图

另外，设计师还通过几个策略去增加步行空间类型的丰富性。首先，新建的生活美学馆与办公二号楼以及公寓共同营造出园区入口广场空间，并与办公二号楼之间塑造了一条低矮尺度的步行街。办公楼的首层电梯厅布置在沿着短边方向贯穿的架空通廊。穿越式的通廊不仅增加了电梯厅的可达性，也有助于园区内的空间互相渗透，提供遮风挡雨的步行空间。

内庭院西侧的室外停车场上加建了种植平台和大台阶。通过台阶的设置，种植平台成为内庭院空间的延续，从而形成不同标高的公共空间体系，从内庭院漫步至种植平台的西端可俯瞰园区西侧的城市公共河道空间，而台阶也成为内庭院举办户外活动时的观众座椅。从入口广场步行至内庭院的一系列的空间转换过程中，若干个空间节点串联着不同公共空间的片段。同时这些节点又是驻足交流的场所，用不同的空间特征去构建空间的方位感和场所感。

8. 公寓一层底商和广场

135

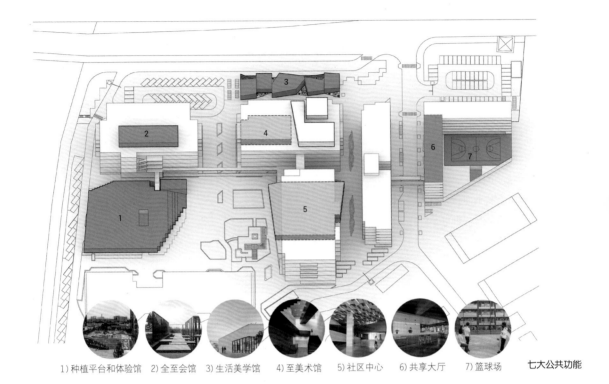

1）种植平台和体验馆 2）全至会馆 3）生活美学馆 4）至美术馆 5）社区中心 6）共享大厅 7）篮球场　七大公共功能

公共功能与人文自然

愉悦的步行体验以及场所的活力依托着多样的公共功能。园区的改造升级，除了满足工作生活上配套的需求外，更为核心的是如何连接人与人，如何以人文精神去滋养人的生活，构建具有人文关怀的社区。另外，面对过去二三十年的城市化进程对自然环境的破坏，以及沙井丰富的人文传统在快速经济发展中慢慢被遗弃，园区的改造希望用设计去重构建筑、人和自然的和谐关系，传统文化通过新的载体融进当代人的生活方式。改造中引入公共功能成为重要实现手段，公共功能包含了茶饮店（以茶饮构建现代公共生活）、独立家居品牌店（倡导自然而质朴的美学和家居生活）、美术馆（用艺术去滋养人的精神世界）、社区中心（知识分享作为媒介的社区营造）、种植平台及体验馆（用活力场所去传承传统种植文化）、全至会馆（集合各种交流活动的屋顶花园）、公寓共享大厅（连接人和连接家）。

9. 外立面
10. 主展厅
11. 多功能厅入口看中庭
12. 楼梯看中庭

9

这些公共功能散落在园区各个角落，互相依存和联系着。建筑的空间和形式与功能相结合，同时又与场地相融合。例如至美术馆与独立品牌家具店和园区食堂共同围合了一个室外小广场，并且小广场处于室外步行公共空间和架空通廊交汇处。当美术馆在小广场举办开幕式的时候，开幕式与独立品牌家具店、园区食堂以及进出园区的人都直接发生关联。活动的关注度以及活力氛围是建立在场所的空间设计、流线设计和功能设定上的。室外步行公共空间与架空通廊的另一交汇处是由树下座椅空间、涂鸦墙、园区食堂和公共洗手间共同围合而成的聚集空间。空间之所以使人聚集不仅由于树下座椅空间环境的舒适，也因为食堂和洗手间两功能空间的外面往往成为等待驻留的场所。

至美术馆楼梯剖透视图

10

另外，从每个公共功能的运营者选择到后期的运营，设计师都一直与建设方一起讨论，共同去寻找最理想的运营方式。在寻找过程中，设计师不仅帮助建设方和运营者去理解设计的初衷和意义，也通过沟通讨论及时修正设计来契合运营方的功能需求和实际情况。这为实现设计所构想的生活场景提供了坚实的基础。

11

12

13

14

15

立面改造与绿色生态

　　改造前的厂房和宿舍都是瓷砖外墙的普通混凝土建筑。设计保留了建筑原有的瓷砖肌理，并在瓷砖表面重新刷了一道灰白色的外墙漆。立面的改造遵循功能主义原则以及尊重深圳的气候条件。为了获得更好的室内采光，设计在原有较为封闭的厂房立面增加更多的窗洞。厂房的立面改造主要利用遮阳和遮挡室外空调机两种功能构件来实现立面升级。此外，根据厂房建筑平面布局的特点以及朝向方位的不同，立面改造也采取不一样的策略。在拥有较好景观条件的立面，为建筑增设了阳台以提供观赏景色的户外休憩空间。为了创造绿色宜人的行走楼梯体验，开敞式的疏散楼梯一侧立面则是采用垂直爬藤绿化墙的形式。而在厂房每层的公共内走廊的端头，平面加建了两米多宽的半室外平台，为每一层的租户提供交流休憩的公共户外空间。这些增设的阳台、垂直绿化墙和半室外平台也自然成为厂房立面改造的元素。

　　宿舍的外立面改造则主要是由增设的住户阳台而构成。改造前的宿舍布局只满足休息功能，空间狭小。为了扩大室内使用空间，阳台由外墙出挑钢结构楼板搭建而成，户与户之间的隔墙有红、黄、灰三种颜色，这些颜色散落点缀着整个立面。遮挡空调室外机的格栅则是由横竖变化的体系构建而成，栏杆的形式呼应格栅，由一根根竖向不锈钢圆管组合，因此整个公寓的外立面改造是由一系列新的功能组件构成。而A栋公寓外走廊一侧的立面在原有造型的基础上，增加了垂直格子网和爬藤植物，为外走廊公共空间增添了绿意，让每一个租户回家和出门时都能亲近到自然。

13—14. 公寓立面细节
15. 沿街建筑外观
16. 平台成为绿色的活动场所
17. 夜景

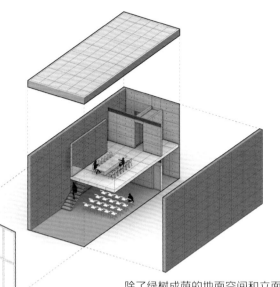

种植体验馆爆破图

除了绿树成荫的地面空间和立面垂直绿化,屋顶空间也被利用成绿色生态的场所。全至会馆所在的厂房屋顶被打造成多元的景观体验空间,包括:静水池的室外凉亭,被竹子围绕的睡莲池,开敞的木地板户外空间,种满花草植物的芳草园。而地面停车场上加建的屋顶种植平台则是更具活力的绿色休闲空间,平台上布满了错落有致的混凝土种植槽,不同喜好的人栽种不一样的农作物和灌木花草,形成有趣生动的景观。平台成为人们去认知农作物和植物的学习场所。平台上局部隆起的每个采光顶是由一缓一陡的两个坡构成,平台也因此成为孩子们奔跑游玩的乐园。

18

宜人尺度

　　全至科技创新园是高容积率的园区，并且高层厂房和改造的多层厂房体块方正且体量比较大，形成空间压迫感。因此如何改善空间尺度，也是影响园区里行走体验的重要因素。设计采用四种方法来消解厂房的大体量感。一是增加窗洞使立面更开敞；二是立面上通过增加的功能构件创造了中等尺度的过渡感，减弱了视觉上对完整体量的感知；三是建筑的首层通过局部突出而形成"裙房"，使厂房在近人尺度形成过渡；最后，建筑物之间的连桥除了增加两者联系之外，在视觉感官上建筑边界也从垂直向转换为水平向，由此弱化建筑的高耸感。

　　另外，新建的生活美学馆和种植平台及体验馆增添了近人尺度小体量的建筑，丰富园区的天际线和空间尺度。植物的栽种也是很重要的措施之一，乔木的树冠不仅提供绿色树下空间，同时也扮演类似"裙房"的角色，在建筑物与人之间形成尺度的过渡。除了建筑尺度的控制，宜人尺度的推敲思考还运用在公寓的室内空间设计中。公寓的室内通过研究人的生活习惯和细致推敲人体尺寸，在较小的室内空间紧凑而有序地布置每一个生活功能：储藏空间、工作学习空间、休息空间、休闲用餐空间、烹饪空间以及卫生间。所有空间在设计中都结合了固定家具、活动家具和家电的尺寸，最大限度地利用空间。

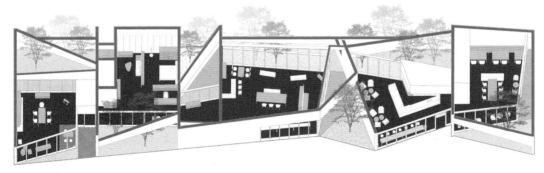

生活美学馆室内轴侧图

18. 独立品牌家具店
19. 室内与庭院的联系
20. 庭院中的墙体与洞口

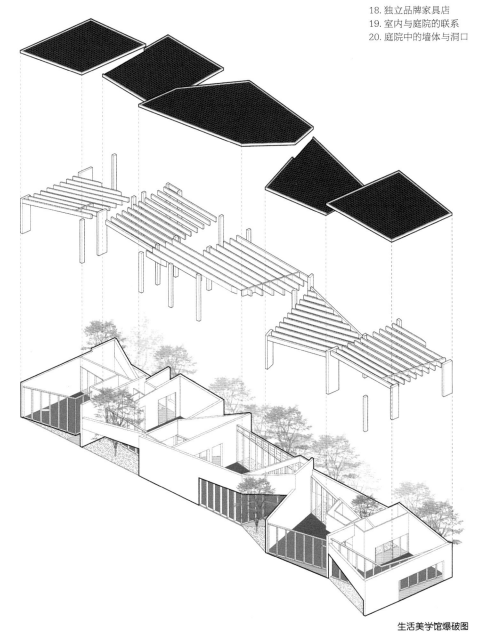

生活美学馆爆破图

21

结语

　　劳动密集型产业的工业园区是中国过去经济快速发展下的产物，其特征体现在封闭、效率和快速。工业建筑的规划和建设伴随着城市化的进程，背后的巨大经济利益推手使得城市化进程更多追逐地区经济的产值，而忽视人的城市化过程。传统人文和自然环境变得可以远离人们的生活，而成为经济发展的牺牲品。经济又一轮新的发展建立在产业升级的基础上，新的生产方式必将带来新的空间模式。新的工业园在追求更高密度、更环保和更现代的同时，如何更人性化和营造具有人文精神的社区应该是新时代的核心价值。当新的工业园以开放的姿态融入城市空间，园区也成为容纳多元和丰富的城市公共生活的场所。全至科技创新改造项目不仅构建了一个建筑、人和自然环境三者相融合的绿色生态园区，而且通过人文空间的重塑，在连接人与自然以及人与人的同时，建筑也连接着过去、现在和未来。

21. 生活美学馆的混凝土密肋梁
22. 俯瞰 A 栋和 B 栋公寓

1) 交流大厅
2) 健身空间
3) 架空活动空间
4) 屋顶篮球场
5) 室外景观庭院

A 栋公寓二层公共功能

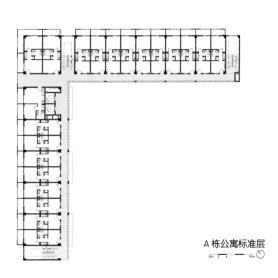

A 栋公寓标准层

B 栋公寓标准层

1. 青年旅社外观
2. 斜向楼梯体块如同堆积木一般穿过圆环

项目地点
湖北宜昌

项目面积
12900 平方米（总体）
8300 平方米（酒店部分）

设计公司
三文建筑

主创设计师
何崴 / 陈龙

设计团队
赵卓然 / 李强 / 宋珂
张天倪 / 李星露 / 桑婉晨
吴前铖（实习）
黄士林（实习）
周奇（实习）
李婉（实习）

结构顾问
潘从建

照明设计
清华大学建筑学院张昕
工作室

建筑施工图
北京华巨建筑设计院有
限公司

室内施工图
北京鸿尚国际设计有限
公司

摄影
此间建筑摄影
曹金军 / 宋金戈

背景和原貌：废弃多时，但潜力巨大

809 兵工厂位于中国湖北省宜昌市郊，距离市区约 30 分钟车程，曾经是老三线兵工厂，20 世纪 90 年代逐渐停产并废弃。项目用地面积约 3 公顷，建筑面积约 1.3 万平方米，新功能为度假酒店和亲子活动中心。项目旨在通过对这个废弃兵工厂的改造和再利用，在保护和展现建筑原始面貌的同时，形成新的使用功能，使废弃工业设施复活，进入当代生活。

809 兵工厂位于一个峡谷中，喀斯特地貌，场地高差大，地质条件复杂。峡谷名为下牢溪，环境优美、舒适，是宜昌市民夏季避暑的首选地之一。峡谷中有溪流，常年有水，且水质优良，适合游泳和休闲。改造前，该区域已经有大量的农家乐和小型度假游乐场。809 兵工厂位于下牢溪中段，与溪流关系紧密，具备很好的自然环境和产业基础。

2

809 兵工厂遗址改造
老三线的复生

809 兵工厂曾是西部地区重要的兵工厂，以生产防毒面具为主。改造前，兵工厂已经停产多时，期间也曾出租给民营企业。厂房中的机械已经全部被移除，整个厂区只留下建筑本体。调研中，建筑师发现现存建筑主要分为三类：空间跨度大的厂房，中等尺度的设备用房，如锅炉房等，及空间尺度小的宿舍和办公建筑。原建筑建设时期跨越20世纪50至70年代，主要为砖混预制楼板结构形式，建造工艺包括毛石砌筑、砖墙和预制混凝土楼板，大多数已经不符合当下的建筑法规，需要进行结构加固和再处理。但另一方面，正是这些不同时期的建造痕迹产生了极大的文化价值，反映了那个时期老三线兵工厂的历史记忆和建筑文化价值。设计需保留原有建筑的大部分外立面，同时又要满足新的使用和法规要求，这给设计带来了很大的困难。

3. 场地原貌
4-5. 宿舍原貌
6. 西餐厅原貌
7-8. 809 兵工厂鸟瞰

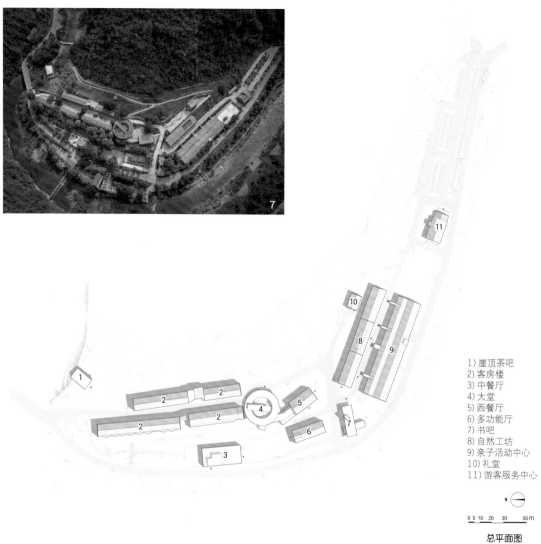

1) 崖顶茶吧
2) 客房楼
3) 中餐厅
4) 大堂
5) 西餐厅
6) 多功能厅
7) 书吧
8) 自然工坊
9) 亲子活动中心
10) 礼堂
11) 游客服务中心

0 5 10 20 30 50 m

总平面图

9

设计原则和思路

设计希望通过对老三线兵工厂遗址的改造，赋予空间新的生命，使之从废弃状态重新复活。在新的功能业态及新空间的双重作用下，业主和建筑师希望重构一个新 809 兵工厂。改造后，它将成为宜昌人短期度假的首选，并为城市提供一处具有品位和调性的精致生活场所。

设计从场地规划开始，将建筑、室内、景观、照明一体化考虑，最大限度地保留原建筑的工业特征和历史信息，并进行改造再利用。设计首先对工业遗产进行保护，通过结构加固等措施，保留建筑外观原貌。之后，选择性地利用原建筑空间植入新功能，如原宿舍改为酒店客房，原锅炉房改为礼堂，原办公楼和设备用房改为餐厅、接待中心等。在此基础上，在场地重要节点位置设置新公共建筑，形成空间和视觉上的锚点，如酒店大堂、区域入口处的书吧、崖顶的茶吧等。新建筑与老建筑在形式和材料上刻意进行了区分，形成戏剧性的对话关系，也清晰地表明了两个不同历史阶段的空间特点和建筑语言。

场地中的主要树木被保留，新建筑避让树木建设，与树木形成共生关系。夜晚的灯光处理延续了建筑设计的思路，在总体宁静的基础上，建筑节点处重点处理。客房区域采用3000K 暖白光，公共区域采用 4000K 左右的中性白光。

9. 客房保留了原始的红砖立面
10. 由原宿舍改造的客房

客房：梳理交通，重组空间

客房由原兵工厂的员工宿舍改造而成。原宿舍共4栋，呈南北向平行排布，它们的建设年代并不完全一致，这给改造带来了极大的不确定性。首先在结构上四栋建筑并不一样，墙体有二四砖墙、空头砖墙、碎石填充墙几种，楼板则是预制槽板；此外，房间的空间布局也多达十几种。如何在充分利用原有物理空间的基础上，满足酒店客房的使用需要，满足现行规范，满足安全等要求是此部分设计工作的难度和痛点。

对于东侧靠近山坡的两栋宿舍，设计首先保留了原有的交通组织方式，即位于建筑中部的垂直交通和建筑西侧的外走廊；之后，在两栋建筑的连接部分拆除部分宿舍房间，新增垂直楼梯和电梯，及公共空间。南侧的宿舍楼被改造为青年旅社，北侧的宿舍楼则改造为标准间。这样的处理一方面基于客房数的考虑，另一方面也由于此两栋建筑并不具备开阔的视野，因此定位为平价房间。

10

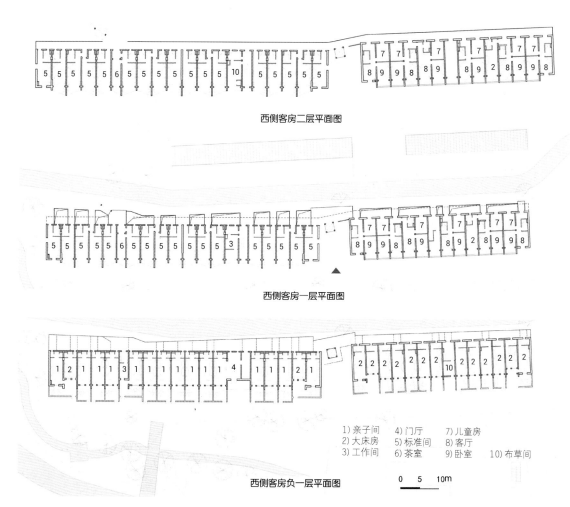

西侧客房二层平面图

西侧客房一层平面图

1) 亲子间　　4) 门厅　　7) 儿童房
2) 大床房　　5) 标准间　8) 客厅
3) 工作间　　6) 茶室　　9) 卧室
　　　　　　　　　　　　10) 布草间

0　　5　　10m

西侧客房负一层平面图

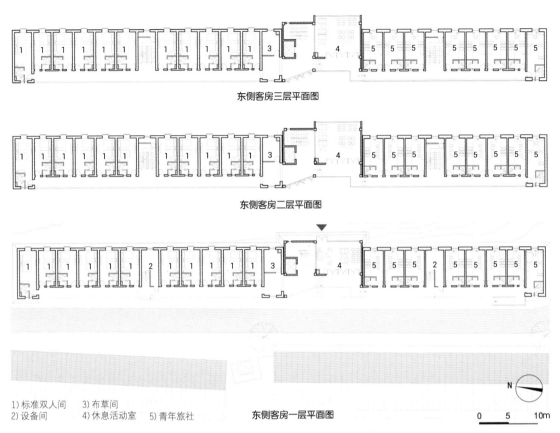

东侧客房三层平面图

东侧客房二层平面图

1) 标准双人间   3) 布草间
2) 设备间   4) 休息活动室   5) 青年旅社

东侧客房一层平面图

N

0   5   10m

西侧的两栋宿舍向西视野开阔，能看到溪流和峡谷对面的山峰，具有较高的市场价值。但原建筑的水平交通位于西侧，与未来客房的观景面矛盾，建筑师将新的交通调整到建筑东侧，新设楼梯、电梯和外走廊。原走廊被拆除，新建阳台，增加室内面积的同时，为顾客提供更舒适的观景体验。北侧客房为标准间，阳台呈不对称的梯形，两两成组，形成富于韵律感的外立面；南侧客房则是套间，阳台交替分布，改变了原来宿舍建筑刻板的外立面。新建筑部分为白色，与原建筑红砖和毛石的外墙形成对比，显示了不同时期的特征。

客房室内首先进行了结构加固，并增设洗手间，满足酒店的安全和基本功能需求。为了体现老三线兵工厂的历史信息，部分房间的屋顶保留了原始的槽板，墙面也在特定位置暴露部分原始墙面。因为酒店的总体定位不属于奢华型酒店，在装修和家具的选择上较为朴素，并有意选择了工业风格的产品，与整个区域的主题呼应。

11. 西侧客房，新加的阳台和小院
12. 客房室内
13. 青年旅舍室内

大堂：利用体块穿插，营造区域标志

　　酒店大堂是新建建筑，它位于四栋客房建筑与西餐厅中间，起到了公共区域和私密区域阻隔和转换的作用。建筑分为两层，由四个建筑体块互相穿插构成。首层为酒店大堂，包含前台、休息等待区等功能，通过橙色的酒廊，大堂空间与西餐厅的三层相连。二层则是环形展厅，可以举办活动和展览。从一层到二层除了可以走室内楼梯，也可以使用室外的大阶梯。

　　在建筑师看来，新建大堂应该成为新809的地标；它需要被从远处清晰地捕捉到，并吸引客人进入新809区域。为了达到这个目的，建筑被刻意设计得具有视觉张力：超尺度的几何体块相互穿插，不同材料和强烈颜色的对撞，形成了不同于日常生活的视觉与感官体验。一层大堂不规则的形式既与场地地形有关，又避让了空间中原有的树木。二层的环形展厅采用全玻璃幕墙，它"飞架"在一层之上，为使用者提供了360度的观景面。弯折的酒廊，南侧插入西餐厅建筑体块中，北侧挑出于混凝土陡坎之上，形成强烈动势，其标高与西餐厅三楼的早餐厅一致，起到了连接大堂及早餐厅的交通功能。酒廊外皮由橙色的金属网覆盖，室内也同样被橙色覆盖，强调了建筑体块的同时也颠覆着使用者的感官。斜向的室外大楼梯被深褐色的金属表皮包裹，成为一个斜插向天空的方筒，表皮上的圆孔让内部形成丰富的光影效果，营造了一种"不真实"感。这一切都与原809兵工厂的老三线风格不一样，新老建筑形成了强烈的视觉对冲，但正是因为这种对冲，让旧者更旧，新者更新。

14. 新建大堂
15-16. 大堂概念模型
17. 大堂结构模型

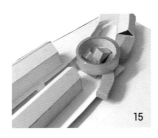

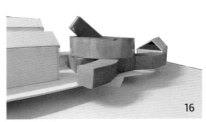

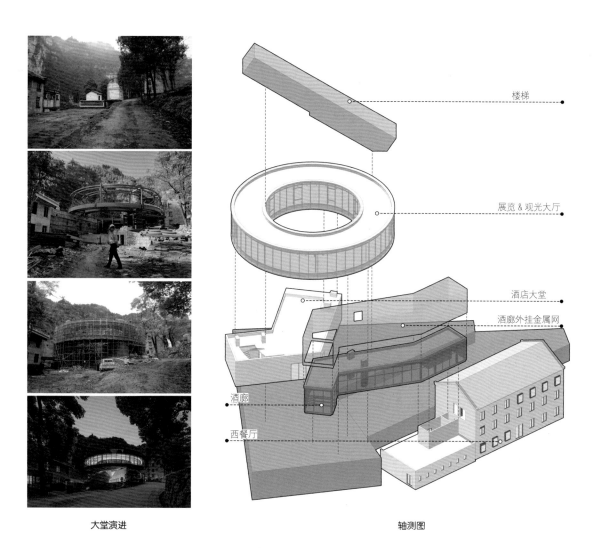

大堂演进

轴测图

楼梯

展览 & 观光大厅

酒店大堂

酒廊外挂金属网

酒廊

西餐厅

大堂剖透视图

为了实现大堂建筑特殊的形态，建筑师与结构工程师付出了巨大的努力。建筑整体采用钢结构，为了得到一个尽量通透的环形展廊，并保证一层建筑室内的舒适性，环形展厅由三组巨型钢柱支撑，它们呈120度排布，分别隐藏在大堂的服务型空间和酒廊空间内，从室外无法察觉。环形展厅由9组钢柱支撑，它如同一个环形"盒子"放置在一层结构上。斜向的大阶梯及包裹它的筒则如同一根巨大的方柱斜插于圆环中，起到了不同高程的交通联系。四个建筑体块看似相互倚靠堆叠，实则结构相互独立，自成系统，这样的处理保证了建筑结构的安全性。场地复杂的高差、不确定的地质条件（喀斯特地貌）、毗邻的老建筑基础的避让和场地内原始树木的保留等问题都给项目实施过程带来了巨大的挑战，建筑师、结构工程师及施工单位面临并一一克服这些问题，最终完成了建筑复杂形体的建造及表达。

1) 观光大厅
2) 展厅
3) 管井

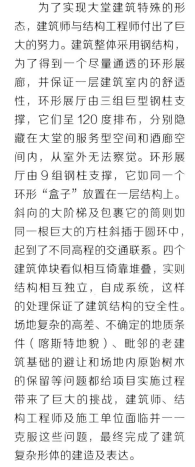

0 5 10m

大堂二层平面图

18. 从环形展厅看斜向的大阶梯方筒
19. 大堂室内
20. 通向屋顶的大楼梯，表皮上的开孔形成丰富的光影效果
21. 改造后的中餐厅外观

餐厅及多功能厅：因势利导，甘当配角

除了由宿舍改造的客房，酒店的中餐厅和多功能厅也由原 809 兵工厂的既有建筑改造而成。秉承区域设计的总原则，即在保留原有老三线兵工厂建筑外观信息的情况下，改造建筑内部空间，使之具有新功能。中餐厅和多功能厅都尽量利用原有建筑，形成新与旧的对话。

西餐厅 / 早餐厅位于大堂一侧，原址上有一座 3 层的办公楼。新建筑建于老建筑的基址上，建筑外观保持了老建筑的主要特征，在门窗和细节的处理上融入了现代表达。室内空间根据新的使用功能布置，一层为咖啡厅，二层为棋牌室，三层为西餐厅 / 早餐厅。

总体上，几个餐厅和多功能厅在外观上都相对低调，不求张扬，甘当配角。它们与客房一起形成围绕大堂主体建筑的"基底"，共同服务于新 809 区域。

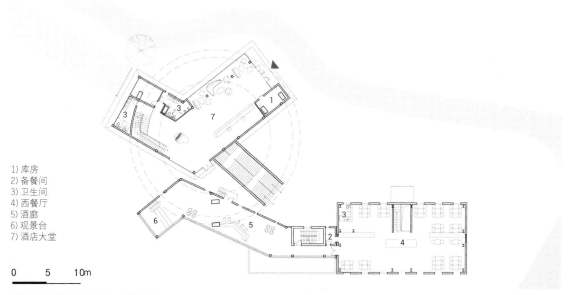

1）库房
2）备餐间
3）卫生间
4）西餐厅
5）酒廊
6）观景台
7）酒店大堂

0　　5　　10m

西餐厅三层平面图和大堂一层平面图

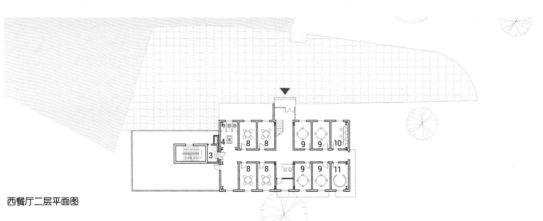

西餐厅二层平面图

1)厨房
2)库房
3)备餐间
4)卫生间
5)包间
6)吧台
7)咖啡厅
8)麻将室
9)桌游室
10)电玩室
11)VR 体验室

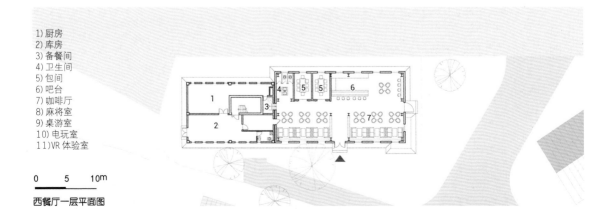

0   5   10m

西餐厅一层平面图

22. 西餐厅三楼室内
23. 大堂鸟瞰
24. 西侧客房鸟瞰
25. 与老建筑相连的新建大堂

结语

  809兵工厂是中国西部地区老三线兵工厂的一个缩影。20世纪50至60年代，中国西部兴建了大量的兵工厂，它们多为砖石结构，反映特定时代中国西部地区工业建筑的特点。随着中国经济的发展，产业转型，大部分此类兵工厂都已经停产、废弃，但建筑作为一种历史记录仍然具有文化价值。本案是在保护历史信息基础上，最大限度激活此类工业遗存的一种尝试。

  中国以往的工业遗存改造后，功能多以文化产业园、艺术园区为主，这类功能对于西部地区、非城市区域的工业遗存并不适用。本案改造后的新功能为酒店，是近年来中国工厂改造中较特殊的一个，对中国西部工业遗存的再利用具有创新意义。

1. 建筑立面砖红色的历史记忆
2. 场地中的烟囱成为空间亮点

项目改造背景

　　昆明橡胶厂改造项目位于我国西南云南省昆明市。工厂创建于 1956 年，坐落于中心城区西山区，总用地面积约 1 公顷。它曾演绎了一段璀璨夺目的昆明现代轻工业发展史。在 20 世纪 80 年代鼎盛时期，工厂职工多达 2000 余人。然而 20 世纪 90 年代中期开始了经济改革，昆明橡胶厂开始衰败继而停产，最终在 21 世纪来临之初彻底退出了历史舞台。2008 年工厂被出让给广基地产进行商业项目的开发。

　　Kokaistudios 受邀进行项目改造设计之际，正值昆明经历城市建设的巨变——传统街区和致密的城市肌理不断被抹去，而代之以巨大的商业综合体、高层的写字楼和住宅。城市中充斥了不同尺度空间环境间的割裂和冲突，有着中国最宜居城市美名的昆明正在逐渐改变。

项目地点
云南省昆明市

建筑面积
30000 平方米

设计公司
Kokaistudios

主创设计师
Andrea Destefanis
Filippo Gabbiani

设计团队
Pietro Peyron/ 郑泳
秦占涛 / 聂运华 / 刘畅
Anna-MariaAusterweil
余立鼎 / 邹辰卿 / 陈希
Sandino Ancilla

合作设计院
云南省设计院集团

摄影
Dirk Weiblen

昆明橡胶厂改造

彩云里艺术商业新生共同体

项目周边环境

    橡胶厂周边完整地保持了半个世纪以上高密度的老城环境，五六层高度的建筑大多采用传统的砖墙和水刷石立面，尺度适宜、蜿蜒狭窄的街道，高大的乔木和丰富的生活氛围让城市环境非常宜人，街区中还有东寺塔这样真正的文物遗产。厂区内部虽然充斥了无序的搭建和临时性的构筑物，但是保留了从 20 世纪 50 年代到 80 年代不同时期、不同高度体量和结构形式的厂房，五六十年代的青砖、七八十年代的红砖和 90 年代水刷石立面，构成了丰富的建筑质感和历史氛围。

3-4.园区鸟瞰图
5.园区与周边环境的和谐
6.高视点看建筑立面

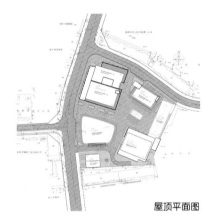

屋顶平面图

总平面图

黑白平面图

设计及改造过程

Kokaistudios 的设计使这一失落的城市场所重焕生机。设计师们尽量保留原有的历史痕迹，考虑环境、社会、经济和文脉等因素，把新的生机带入这座后工业厂区。

首先，设计计划拆除没有历史和空间价值的仓库车间，为场所内腾挪出公共开放空间和新建筑的可能性。虽然这里没有文物遗产，但是超过 30 年的建筑已经成为这个场所记忆的物质载体。拆除的计划经过建筑和结构检测机构审慎的鉴别和反复的评估分析后制定。

改造前

8

7. 主立面
8. 主入口

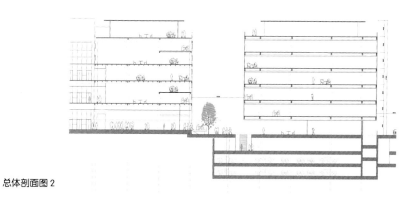

总体剖面图 1

总体剖面图 2

总体西立面图

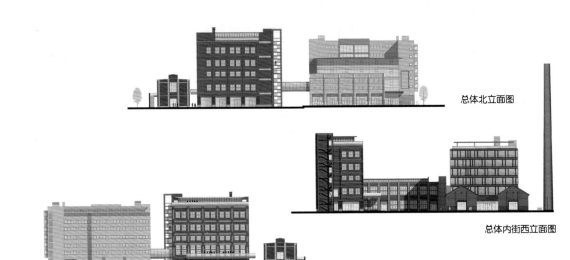

总体北立面图

总体内街西立面图

总体内街北立面图

其次，对保留下来的原有厂区的5栋老房子和一座烟囱——周边最高的构筑物，与北侧的东寺白塔对峙——进行加固，并进行适应性再利用的改造。老建筑肌体尽可能完好地保留其既有的立面肌理，而加固和适应性的加建采用了与老建筑截然不同的肌理——钢结构、金属饰面和玻璃。新混炼大楼的中庭、老混炼大楼屋顶的玻璃厅和室外露台以及楼梯，联系两栋楼的天桥，锅炉房的金属屋顶和室外楼梯等均使用新的肌理。这些新的构件不仅满足了每栋楼对当代空间和功能的适应性，同时把建筑真实的历史呈现出来。

9.园区建筑的和谐对比
10.设计语言的统一
11.沿街立面
12.立面细节

然后，两个新的弧形玻璃体被柔和地嵌入基地中。建筑以柔软的形态且尺度上以柔和的方式介入，而建筑的立面采用了高大通透的玻璃盒子嵌入层层的楼板间，取得了和老建筑在尺度上的呼应与对比。底层的架空使建筑仿佛漂浮在场地中，保持底层的通透性的同时，重构了场所的内部公共空间和街区的完整性。在新建筑和公共空间的场地下方开挖了2层地下室，满足了这个地块的停车和机电需求。

13

13. 改造后建筑正立面

　　最后，所有建筑的体量自然地生成了景观的场所，原本封闭的厂区变成了开放的街区，广场的尺度完全是周边的城市尺度向场所内部的延伸，从书林街和铁皮巷可以通畅地进入基地内部公共广场。广场被周边建筑围绕着：老混炼大楼已经变成了现在的文化创意 loft 工作室；新混炼大楼变成了时尚零售、咖啡、餐饮和养生健身场所；原来的零件车间变成了现在的现酿啤酒坊；零件压型车间变成了艺术精品酒店；锅炉房变成了俱乐部会所；胶带车间变成了时尚零售、商务办公场所。

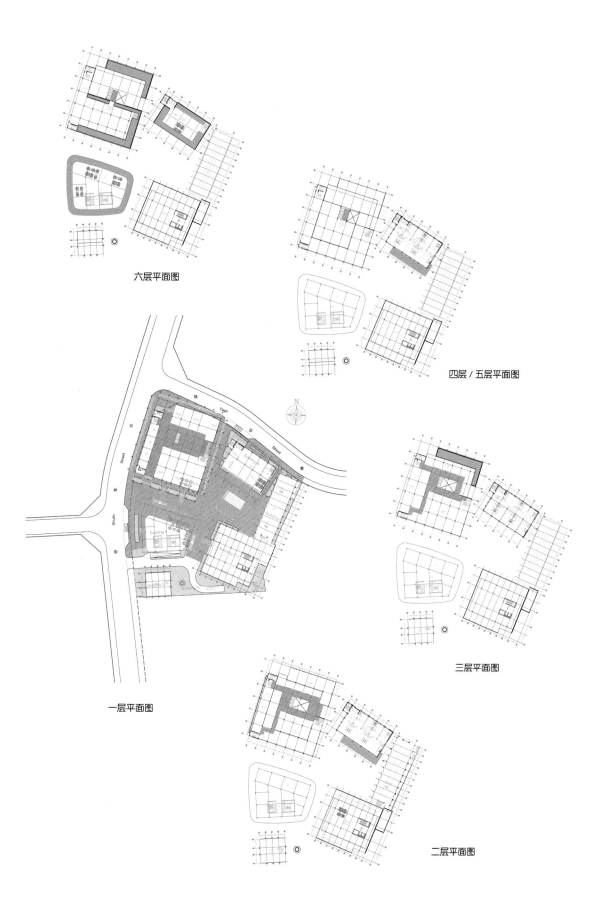

六层平面图

四层 / 五层平面图

三层平面图

一层平面图

二层平面图

14

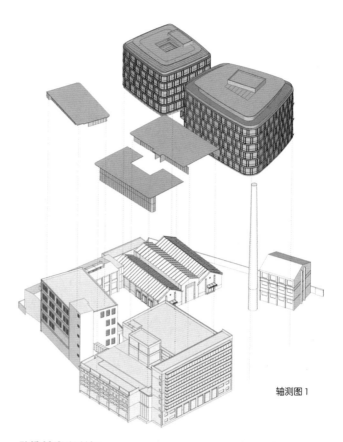

轴测图 1

14. 夜景
15. 周边城市尺度向场所内部延伸

15

改造的意义所在

  城市是不断演化的系统，需要被不断更新以适应不断变化的需求。Kokaistudios 坚信为城市的完整性而设计。在昆明橡胶厂改造项目中，老建筑和新建筑，不同时代不同质感的材料与构件，在这里交织成一个城市空间"保护与创新"的交响乐章。

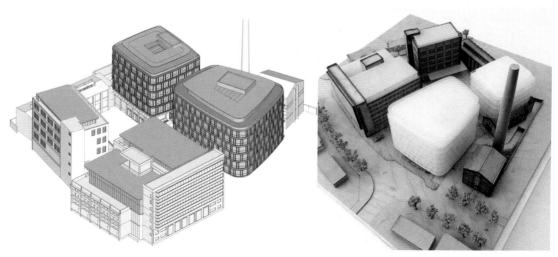

轴测图 2   模型图

1.改造后的玻璃顶覆盖的中庭
2.西立面

项目改造背景

　　新泰仓库位于上海市新静安区的苏河湾地区，东临山西北路，西至福建北路，北面规划有新泰路，南侧紧邻两栋高层公寓。该区域曾是上海繁盛工业时代的引擎，而如今正历经前所未有的改造。原有城市肌理的石库门建筑与工业遗迹相交织的构成正在慢慢消逝，一同被抹去的还有它们所代表的回忆，取而代之的是高层住宅和办公楼。

　　新泰仓库始建于 20 世纪 20 年代，是上海市人民政府批准公布的第四批优秀历史建筑，保护要求为三类。这里原本为纺织品工厂和仓库，项目面积 6000 平方米，体量巨大。Kokaistudios 的设计任务是对该历史建筑进行修缮和更新，将其打造成苏河湾沿岸的企业高端商务会所及文化展示中心。苏州河沿岸近年来变迁巨大，为了能适应不断变化的环境和需求，须赋予建筑新的功能和科技。而建筑改造既要符合严格的遗产建筑保护要求，又要有创新的设计方案。

项目地点
上海市

项目面积
6000 平方米

设计公司
Kokaistudios

主创设计师
Andrea Destefanis
Filippo Gabbiani

设计团队
Pietro Peyron
李伟 / 刘畅 / 何文彬
Daniele Pepe
San Dino Arcilla
余立鼎
Anna-Maria Austerveil

摄影
Dirk Weiblen

新泰仓库建筑改造
工业遗产的新光

项目现状

  据现状及历史图纸推测，最初建筑的主立面为南立面，朝向苏州河，并且南立面所用的红砖比其他各立面多。对比历史图纸可见，南立面两个建筑体量之间加建了一个三层的体量，封闭了原有的庭院空间。设计师推测建筑东立面最初与其他各立面一样，为红砖及青砖砌筑，目前为水泥粉刷所覆盖。东立面首层的一些洞口在形状及位置上与原有的立面构成不一致，且窗户的形式高度与南立面及北立面明显不同。中部的中庭加建有一个四层高的建筑体量。建筑西立面保存较好，且无加建。中庭的内立面总体保存较好，但墙面覆盖有白色粉刷。对比历史图纸可见，中庭的木屋顶及东侧外墙均为加建。中庭内立面及南立面首层的部分门窗洞被改建，或填充砖块。主要中庭的东侧加建有混凝土电梯井道，并且首层的东南角分隔出若干房间。这便是设计师面临的改造现状。

3. 东立面
4. 修复前的西立面
5. 修复前的东立面
6. 修复前的外立面
7-9. 修复过程

东立面图

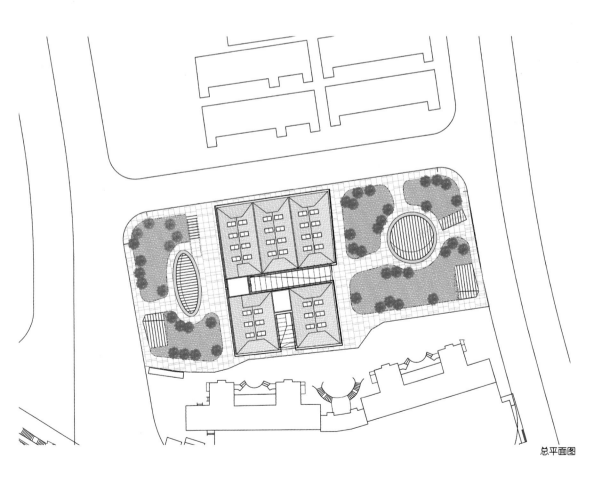

总平面图

10

改造要素

　　设计包括对所有公共区域及部分内部空间的改造。经过细致地清洗，去除后期加建并修复受损部分，建筑原先的质感逐渐展露出来。Kokaistudios 对建筑的修复和改造遵循两大准则：一是可逆的；二是区别于原来的。室内动线围绕中庭被重新设计，屋顶则以玻璃顶覆盖，将自然光引至室内的同时，也体现了其通透性。轻质钢结构楼梯和回马廊悬挂在砖墙立面上，呈螺旋状上升，连接入口与楼层。覆盖中庭上空的折面玻璃一直延续到外立面主入口的雨篷。历史和现在于中庭交汇，两种设计语言彼此互补从而达到平衡。

10. 悬挂在立面上的轻质钢结构楼梯与回马廊
11. 主入口
12. 砖墙立面和折面玻璃的互补与平衡

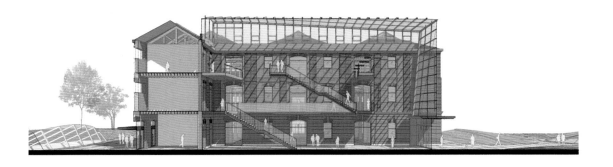

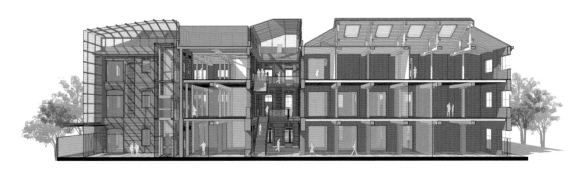

剖面图

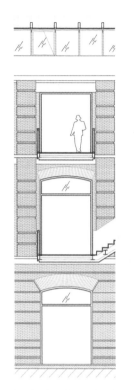

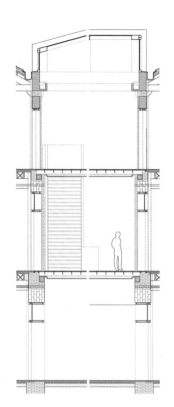

人、窗比例及色彩区分示意图　　　　局部剖面示意图

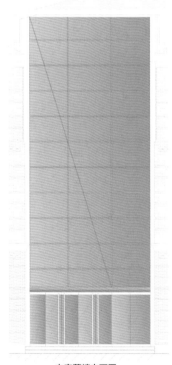

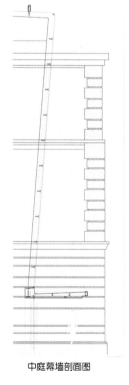

中庭幕墙立面图　　　　中庭幕墙剖面图

13

14

15

13-14. 历史与现在于中庭交汇
15. 连廊
16. 木屋顶与采光天窗
17-18. 砖墙与木屋顶融洽相协调

1

1. 从路演厅看工业遗址
2. 西立面

项目改造背景

发酵罐、工业管线、麦芽仓、煤仓、输煤廊、水塔、烟囱……当置身于其中，已经被工业时代的庞然大物带来的历史感深深震慑，并沉浸其中。作为改革开放后中国第一家全面引进国外先进设备和工艺的现代化企业，在城市化进程中，珠啤厂几乎见证了珠江两岸的变迁和整个城市产业的迭代更新。伴随着中轴线的南扩以及电商总部的进驻，珠啤厂已搬迁。城市的更新给闲置的厂房带来了新的机遇，原生产车间的构筑物被整体保留下来，新的功能被置入，封闭式的工业生产基地逐渐转变为开放的啤酒文化创意社区。

改造后的建筑用途

项目位于园区的中部，是一栋两层高，主体呈正方形的生产车间，生产车间的四周几乎被高大的厂房包围，唯有西南角毗邻户外运输管道走廊，与外部广场连通。新植入的功能是集共享办公、健身、轻餐饮、买手店、路演讲座和艺术展示于一体的新型复合业态的综合生活馆。改造后的空间希望为人们提供新型现代社交活动空间的场所，传达新型的健康生活的理念，并通过人们的参与重新激活周边这一片区域。

项目地点
广东省广州市珠江琶醍
啤酒文化创意艺术区

项目面积
2500 平方米

设计公司
BEING 时建筑

主创设计师
戴家明

设计团队
郭源 / 杨翔
陈嘉明 / 钟启伟

总工程师
戴民泽

摄影
曾喆 / 文耀摄影

澜创空间

工业遗址里的社交空间

2

3. 连接广场的西南角
入口
4. 改造前的西侧入口
5. 改造前的输煤廊
6. 透过玻璃看输煤廊
7. 新旧建筑的对话

场所的时间感与空间感

设计师们认为每个场所都具有其本身的时间感和空间感。时间感，是场所功能在迭代中和人产生的关系以及特定历史时期的社会意义。空间感，则是场地的景观性，非狭义的景观，是具有更广泛的场地特性的空间片段。时间感和空间感并非独立存在，也非显而易见，通常需要设计对潜在性深入挖掘，让空间本身的价值和能量发挥出来，并得体合宜。

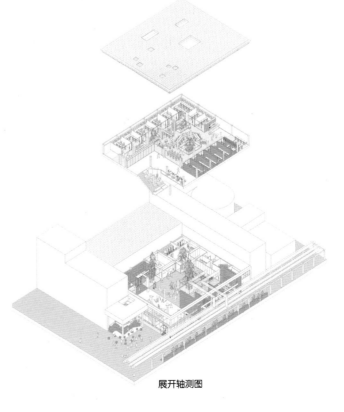

展开轴测图

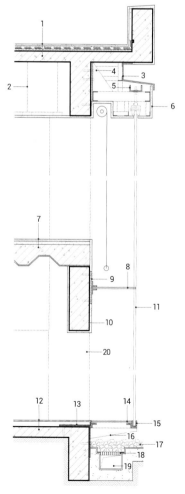

1) 素水泥面层
40 厚 C30 细石混凝土防水层
4 厚高聚物改性沥青防水卷材
2 厚合成高分子防水涂料
20 厚找平层
原混凝土屋面板、抹光
2) 轻钢龙骨吊顶
3) 铝板收边
4) 4 厚加强三角钢板
5) 镀锌 U 形槽钢
6) 户外埃特板封面
白色乳胶漆
7) 金刚砂地坪
找平层
钢结构楼板
8)10+10 夹胶钢化玻璃
钢化玻璃肋

9) 结构预埋板
10) 原结构柱过梁，见面扫白
11)15 厚钢化玻璃通高
12) 聚氨酯自流平
找平层
原结构地面
13)Φ6 钢筋
14)10+10 夹胶钢化玻璃
钢化玻璃（可活动）
15)U 形玻璃收口槽
16) 钢板肋
17) 碎石
18) 镀锌排水格栅
19) 原有排水沟
20) 原结构柱

墙身大样图

8. 首层阶梯一角
9. 二层展厅前区
10. 入口路演阶梯
11. 从入口看前广场

设计及改造策略

　　把工业遗址作为一种现成的景观，因势利导，被借用到室内空间，是设计的基本策略。通过西南角大面积通透的玻璃立面，引入遗址风景，弱化建筑，将视觉焦点集中在被内部空间延伸的外部工业场景上。工业景观渗透到内部空间的同时，也极大地整合了外部活动广场、廊道和室内空间的一体性，让到来的人们从外到内对场地有连续性的体验，并希望借此让周边人们对场地活动的参与变成一种日常性的行为。

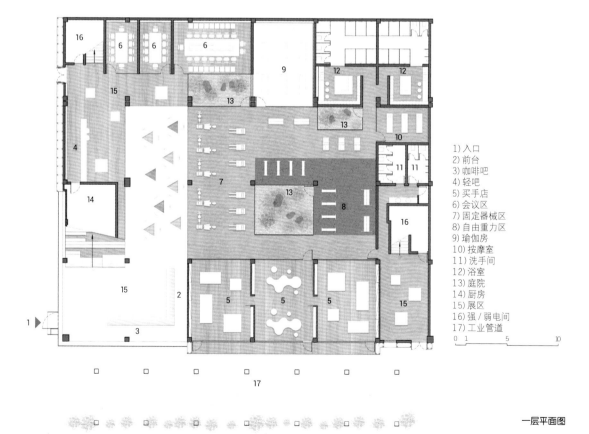

1) 入口
2) 前台
3) 咖啡吧
4) 轻吧
5) 买手店
6) 会议区
7) 固定器械区
8) 自由重力区
9) 瑜伽房
10) 按摩室
11) 洗手间
12) 浴室
13) 庭院
14) 厨房
15) 展区
16) 强 / 弱电间
17) 工业管道

0   1   5   10

一层平面图

1) 健身区
2) 独立办公区
3) 开放式办公区
4) 庭院
5) 展区
6) 工业管道

0 1   5   10

二层平面图

12. 二层开放办公区
13. 从二层中空看独立办公区
14. 首二层通高的景观庭院

　　整个人口的活动都围绕遗址景观展开，作为艺术和路演活动的大阶梯连接了首二层的展览和前台空间，外部广场设置了舞台装置和可移动家具供集会活动使用，工业遗址走廊的花池被设计成面向建筑的小阶梯，三者通过人和空间的互动，使场所具有新的日常性和文化性。

　　如果说工业遗址景观是进入建筑的第一层风景，那么接下来，设计希望将观者带入第二层景观体验。在保留原主体结构的同时，建筑内部被置入了三个庭院，作为内部空间的核心，创造了内在的由外向里延展的风景。视线随着人在空间中的运动，从外部工业遗址进而转向内部竹林庭院，光线也由侧面的大落地窗转向庭院的顶部采光天窗。三个庭院将内部的活动场景串联起来，首层的健身房、沙拉吧、咖啡吧和展厅，二层的共享办公和运动区，围绕其自由展开，南侧被置入的木盒子是独立的办公和买手店，通过大面积的玻璃，和两侧木制墙面将外部遗址风景框入室内。

庭院中碎石和不锈钢镜面的景观装置的花池延展了外部的景观切片，亦创造了抽象的园林景观，使每一处场所的功能都和庭院景观相联动；通过镜子的使用，让内外的景观在空间内不断地反射渗透与延展，使原来深入内向的空间呈现出开放性的状态。同时通过方形的自然天窗和人工漫反射光线的交叠使用，使整个建筑空间成为一个通过光的变化呈现出戏剧性的叙事空间。

15. 灯光下的庭院景观装置
16. 日光下的通高竹林景观
17. 从二层展厅看输煤管道

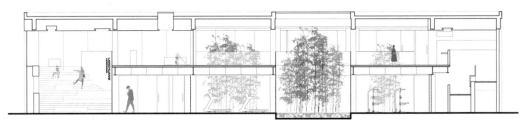

A-A 剖面图

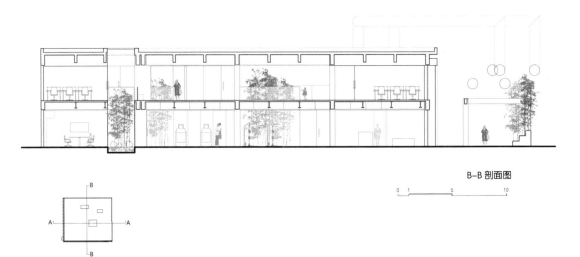

B-B 剖面图

0 1   5   10

17

结语

　　在现代主义建筑中，白色往往意味着纯粹、真实与理性。对于白色的运用，设计希望表达抽象的空间，弱化建筑，与工业遗址相互因借，通过光在白色空间中呈现的变化将庭院和外部风景重构，塑造一个满足人活动需求的真实状态的空间，使空间感更抽象而恒久。被改造后的建筑以极为谦逊的姿态介入到原有的场地关系中，时空凝固，仿佛本该如此，庭院中的竹林与工业时代的历史遗迹、信息时代的社交活动在时空的画面中叠加，如画一般在光影中摇曳。

南立面图

西立面图

0　　2　　　　6　　8

1

1-2.侧向的线性开口，让自然光线随着时间、天气的流转而变幻莫测

项目设计背景

　　城市的崛起和消费文化的张扬，离不开过去高速发展的工业化进程。也许是人们弃旧恋新的心理在作祟，工业化辉煌过后所留下的建筑躯体，往往容易被遗忘，部分幸存者免于被摧毁，再利用而重生，价值得以延续；而更多的不幸者则淹没在众人视野，毁于灰烬之中，无缘未来。

　　大隐隐于市，业主 surely. 结缘一座前身为国营服装勾边线工厂的建筑，它如同一座遗世独立的建筑容器，期望承载着人们对美好生活的憧憬和期许，构建一方理想天地。如何找到恰当的方式，回应其在当下的时代价值，对充当关键角色的设计师来说，这无疑是最具挑战性的考验，也正是探讨空间建设时最微妙的思考。看似无用之地，却存在于有用之地的周围并延伸开去，在混沌之中找到属于自己的秩序。

项目地点
浙江省杭州市

项目面积
1000 平方米

设计公司
DPD 香港递加设计

主创设计师
林镇

设计团队
Gaby Teng/ 叶剑茹
郑洽鑫 / 邓茹心

工程团队
莫自豪
Tomson Leung

软装设计
邵露 / 林镇

摄影
林镇 / 张大齐

2

surely.混沌意识下的艺术空间　逆时而生　顺时而现

设计出发点及思路

在品牌愿景的支撑下，DPD 香港递加设计以时间性作为思考原点，在混沌无序的荒废颓败旧工厂中，巧妙运用时间上的错位感，创造内与外、物与空间之间的落差，展现"逆时而生，顺时而现"的空间脉络，为观者提供更深刻且富有意蕴的场所体验。

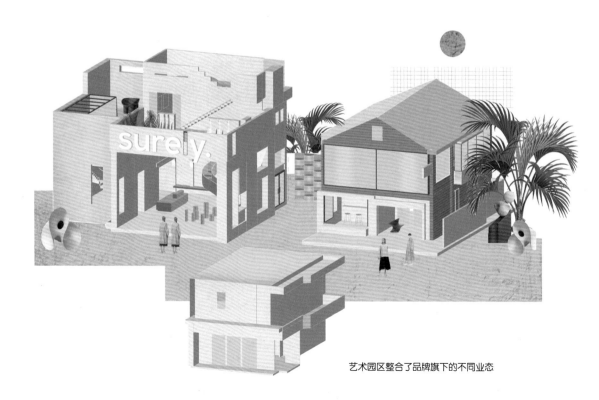

艺术园区整合了品牌旗下的不同业态

　　设计师保留了墙体斑驳陆离的肌理，转化为室内空间统一的表皮纹理，并与室外环境形成落差，为观者营造时光倒置的惊喜感，创造独特的空间体验；其次，舍弃过多的硬装装饰，释放更宽松的空间，以供高质的软装陈列及展示，创造与原始空间的基底反差，更为日后空间的永续发展留下使用弹性。最终，设计师把咖啡店、选品店、服装店、艺术展览等复合业态逐一规整于其中，呈现出一抹令人心生向往的都市幻境。

3-4. 艺术园区整合了
品牌旗下的不同业态
5-7.surely-旧空间

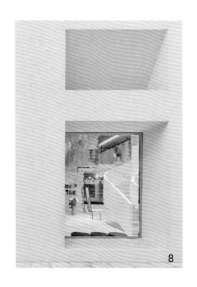

8　　　　　　　　　　　　9　　　　　　　　　　　10

设计思路

整个艺术空间囊括三幢旧建筑，一幢主建筑以及两幢副建筑。出于保留旧有建筑结构完整性的考量，建筑外墙大部分以白色的防水涂料包裹，令不同层高、造型的建筑体，呈现出一体化的视觉感受。深谙"光赋予美以戏剧性"之道的设计师对建筑造型的设计着重于：如何为这座坐东向西的主建筑引入更多自然光，最大限度减少原有建筑空间的闭塞感。

于是，设计师选择增加大面积的落地窗，同时设置侧向的线性开口。随着时间、天气的流转而变幻莫测的自然光线，透过开口投入室内形成丰富的阴影及线条，让空间摆脱沉闷与乏味，变得灵动活跃。建筑表皮上横平竖直的明快线条，也构成充满趣味的几何表情。

8. 变幻莫测的自然光线，透过开口投入室内
9. 弧形楼梯与顶棚的流动造型装置，打破空间规整的格局
10. 精致的艺术装置物独处一角，以内敛的姿态拥抱整个空间
11. 斑驳的墙体肌理与散入的自然光线，使粗糙的纹理有了明暗的加持
12-13. 墙体在经历洗刷后，再次呈现斑驳粗犷的质感
14. 发亮的 TOM DIXON 壁灯，犹如黑暗中蜡烛的微光

品牌旗下不同业态分区

　　移步至主建筑的室内空间后，会惊喜地发现，墙体在经历洗刷之后，再次呈现斑驳粗犷的质感，散发着朴实无华的气息，厚重而沉稳，挟裹岁月蹉跎的痕迹。精致的艺术装置物独处一角，以内敛的姿态拥抱整个空间。细腻与粗粝相互交织，产生了戏剧化的冲突，却在不经意间，抚平了日常奔波在钢筋水泥中的人们生活里的褶皱。

　　斑驳的墙体肌理与散入的自然光线发生持续的"化学反应"，使粗糙的纹理有了明暗的加持；光洒落在颗粒分明的地板上，折射出淡泊的细纹，有时光摩挲的温度，温和而亲切。富有质感的家具错落有致地穿插在场地中，显得有点漫不经心，却是设计师有意为之，意在弱化某种强烈的装饰化元素，让空间产生一种含蓄而持久的影响力。

15

楼梯在空间中是定调的基石。白色的弧形楼梯占据空间的核心位置，作为重要的枢纽要道的同时，更打破了规整的方形格局。逐层递进，逐渐饱览其景。扶手侧栏采用具有穿透性的材质，模糊上下左右的边界，令有限的空间不至于局促，显得通透，让人更自由穿梭其中，发掘未知。玻璃材质的侧栏搭配经典大理石组成的楼梯，将节奏分明的秩序感蔓至二层空间。

15. 楼梯舒展的曲线从一层延续至三层，实现空间的连贯叙述
16-18. 玻璃材质的侧栏搭配经典大理石，将富有节奏的秩序感延伸至二层空间
19. 咖啡的香味与空间，细腻与粗粝的相互交织，产生了戏剧化的冲突

16

17

18

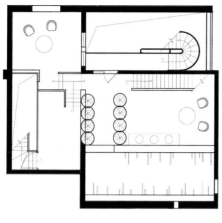

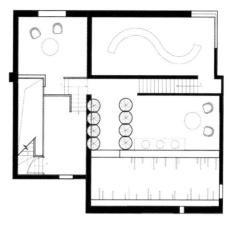

A 栋三层平面图

A 栋四层平面图

19

主要空间构成
咖啡店（CAFE）

　　主建筑一层设有咖啡吧台。在通透的空间中漫游，随时会被空气中回旋的咖啡香气所吸引。整体偏中性系的色调风格，让色香味俱全的餐食更为突出，营造出美味与品位相得益彰的共场力。找一个角落闲坐，认真体味咖啡在口腔中的肆意跳动，感受其带给味蕾的丰富层次，这必定是件雅事。

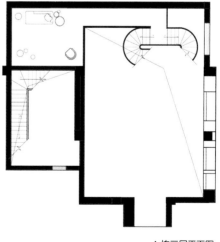

A 栋一层平面图

A 栋二层平面图

选品店（SHOP）

　　位于副建筑一层的选品店，在白色的旋转门搭配黑色的陀螺椅下，则多了几分玩味与趣意。室内空间在门板的开与合中若隐若现，制造出相当的神秘感。蓝色亚克力制的展示盒，是提亮空间的重要角色，衬以大理石和凹凸不锈钢面制成的展示台，材质的反差呼应了空间的玩味基调，更渗透出选品店的独有精神 —— 我不给你全世界，只想给你我心中理想的世界。

20. 光线透过外墙的玻璃砖进入室内空间
21. 富有质感的家具错落有致地穿插在场地中
22. 入口处巧妙地放置了先锋艺术家雕塑原作，生机与情调从中悄然萌动
23. 多种异域风情的元素混搭，流露出浪漫的夏日情愫
24. 柔和的拱形线条，参差错落的竹条顶棚，是这里独特的设计语言

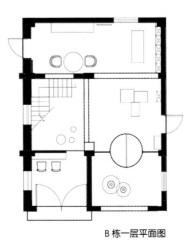

B 栋一层平面图

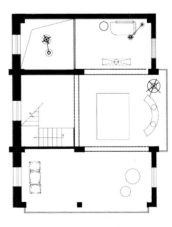

B 栋二层平面图

服装店（COUTURE）

　　来到与 surely·Lounge 接壤的服装空间，很容易会被异域的风情所打动。柔和的拱形线条，参差错落的竹条顶棚，是这里独特的设计语言。墙体的颗粒组成有别于旧有的建筑纹理，海外引进的砂石、米黄石等石材构成的墙面，让室内外空间实现自然的转换过渡。跳动的色彩、富有张力的线条、形态各异的工艺品、鲜活的植被搭配素雅的服饰，生机与情调从中悄然萌动，流露出浪漫的夏日情愫。

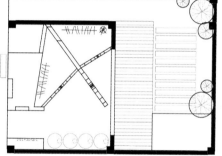

C 栋一层平面图

花园（GARDEN）

　　户外花园的干芦苇在煦阳下飘摇不定、摇曳生姿，把室内的素简雅致蔓延至室外，让人产生置身异国的幻象。在这里，一笑一语皆为好景致。倚坐在一隅，伴随自然光在墙体的切割下起伏的光影，时光变得悠长，也为日常生活注入了珍贵的空白。

25.干芦苇在煦阳下飘摇不定、摇曳生姿，把室内的素简雅致蔓延至室外
26.深度考量画面的层次关系层层推进
27.墙体在经历洗刷后，再次呈现斑驳粗犷的质感
28.墙体的颗粒组成有别于旧有的建筑纹理，让室内外空间实现自然的转换过渡

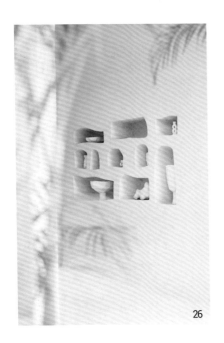

艺术品（ART）

　　精心挑选的艺术品并非简单的装饰品，它增加了空间的叙事性，为过去与现在建立联系，为游览者与空间之间搭建对话沟通的窗口。

28

设计中的不完美与完美

    整个项目的设计与落地历时一年多，设计师对设计的"不完美与完美"这一命题展开了进一步思考。在过程中，设计师与业主经历了推翻和重演设计方案、重建再拆卸墙体以及不断撤换软装陈列，与其说这充满了各种不完美因子，不如说这是一个双方持续地互相影响的设计共创过程，是螺旋式上升的。"一个建筑被建造出来后，并非一成不变，它本身还是会不断变化，不断地传递着信息，并在业主的经营与使用者的参与下不断生长"，设计师感叹道。正因为各种变化带来的"不完美"，促成了彼此间"完美"的合作与空间呈现。

1. 整体鸟瞰
2. 立面外部楼梯

项目地点
上海

项目面积
12700 平方米

设计公司
HPP Architects

建设单位
印力集团联合德普置地

主创设计师
Jens Kump

项目负责
冯子鹏、徐珩

建筑团队
崔皓 / 王伟树
Karolina Maria Ozimek
余泳臻 /Maria Kohl
杨柳 / 周楠 / 李天翔
连蔚杉 / 薛燕 / 马越
王周辉 / 柏啸天

室内团队
张彤 / 谢若虹 / 李羚
姜焱 / 黄山

景观团队
徐亚苹 / 汤才萍

合作单位
中国建筑上海设计研究院
有限公司

灯光顾问
光莹照明设计咨询（上海）
有限公司

摄影
CreatAR Images

上海新华码头仓库改造为"滨江道"办公楼

　　HPP 受印力集团联合德普置地委托将新华码头区域的仓库进行改造，将其打造成为符合现代办公需求，荟萃海派商务典范，融合文艺－时尚－潮流空间，集滨江生态和历史建筑景观于一体的高端商务场所。

2

上海滨江道办公楼

百年码头仓库里的高端商务场所

历史背景：20 世纪远东第一码头

　　新华码头位于黄浦江下游南岸，岸线长约 325 米，是上海百年船厂祥生船厂的发源地。1918 年重建，成为"上海乃至全中国的水上门户"。871~872 仓库曾由新华码头管辖，是码头工业建筑遗存的重要部分；仓库建于 1938 年，曾多次进行改建。

　　老建筑共三层，由完全对称的东西两部分组成。建筑外部最大的特点为两侧的外置混凝土楼梯及坡道，功能感极强。内部最大的特点为八角形立柱，建筑采用无梁楼盖系统，巨大的八角柱帽成为建筑内部很强的符号特征。

3-6. 仓库原貌
7. 码头鸟瞰

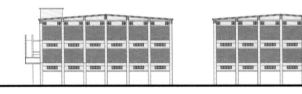

1938年由日本邮船株式会社设计建造

1953年由上海港务局合并扩建

2010年上海世博会召开前有海航集团进行外立面整体改造，改造为国际游艇会所（规划）&现状　　立面改造过程

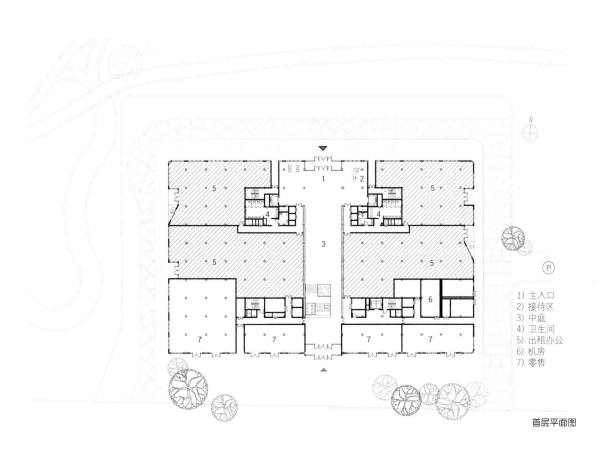

1) 主入口
2) 接待区
3) 中庭
4) 卫生间
5) 出租办公
6) 机房
7) 零售

首层平面图

7

8

旧时代建筑 + 新时代印记 = 下一代滨江记忆

　　建筑改造围绕三个方针进行：保留原始结构，满足新的功能，材质色彩和比例呼应原始建筑。

　　为保留建筑原有的风貌，并满足现代商业与办公的采光需求，设计师将立面在原有基础上重新进行了划分。以深红色砖块为元素，结合多种拼砌工艺，强调新老建筑的延续与呼应。凸出的金属阳台为平整的立面增添了跳跃的元素，使建筑更富工业感。

　　在建筑的南、北、西侧首层进行内退设计，形成骑楼空间，骑楼的设计是建筑对城市空间的一种退让，模糊了室内与室外的概念，增加了首层商业空间的趣味性。

8. 仓库外观
9. 改造后立面

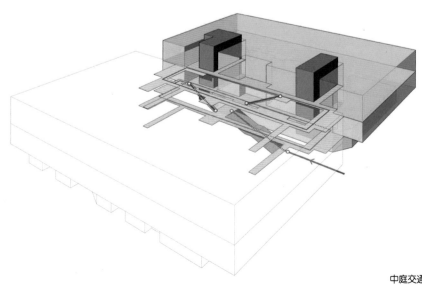

中庭交通系统

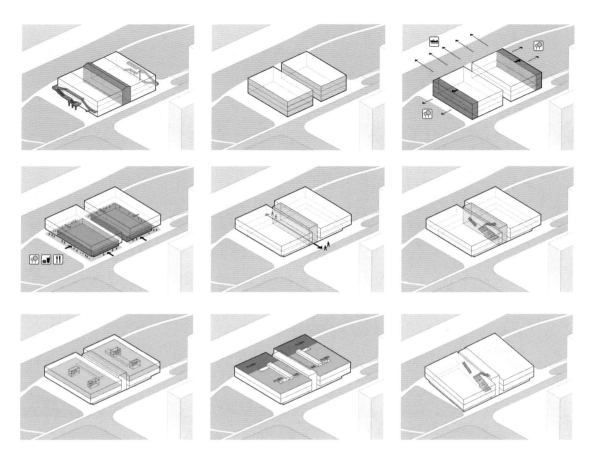

方案推演

9

10. 深红色砖块立面上凸出的金属阳台
11. 旧时代建筑 + 新时代印记

东立面图

南立面图

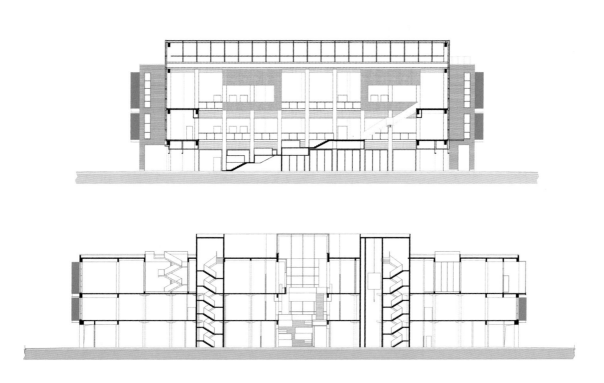

剖面图

室内设计

　　将建筑立面上材料与空间交错的设计语言沿用到中庭当中，新旧材料交替及光影对比贯穿整个空间，增强层次感和舒适度。

　　原本附着在建筑两侧的外立面楼梯被拆除并整合到建筑的中央大厅。6.5米宽的大型楼梯，除了作为联系东西两侧的垂直交通外，还提供了休憩及会谈空间，供人们短暂停留。

　　海派文化是上海的特色名片。多元化的文化组成，跳脱的色块，精致的雕琢，这一幅幅犹如发黄胶卷般的老上海记忆，依旧散发着独特的魅力。办公区的材料和色彩的选择，正是想要烘托出老上海的感觉，低调优雅而不失奢华。

12–13. 中庭空间
14–18. 办公区域

1. 沿街透视
2. 入口空间

项目背景

深圳云里智能园位于深圳市 12 大重点区域之一，坂李创新产业大道的核心地带，地处深圳市龙华区坂田街道坂雪岗大道与发达路的交汇处，距离地铁龙华线坂田站西北口仅 200 米，意在打造智能硬件与智能装备的全生态产业链工业园区。基地紧邻华为科技新城，周边路网发达，直接连接坂雪岗大道、南坪快速、机荷高速等路网干线，距离深圳北站仅 5 公里。便捷的交通出行圈，方便同城交流及国内外商务往来。

园区前身为深圳坂田物资工业园，曾是深圳工业园区发展的典型代表，占地约 75300 平方米，包括 1~8 号共计 8 栋厂房、3 栋宿舍，建筑面积共 86000 平方米。整个园区分成四部分，南区为办公楼即原有工业厂房改造，西侧为研发楼，中部为宿舍楼，北区及余下的部分为特色商业。考虑到成本效益，地块改造维持原有格局脉络不变，对旧有建筑进行功能置换，更新旧有建筑外立面、室内空间以及外部景观环境，全面提升其使用价值。

此次第一期改造建筑为 1~6 号工业厂房，建于 1992 年，占地面积 23600 平方米，层数均为 6 层，首层层高 4.2 米，其余各层层高 3.8 米。其中 1、3、5 栋的建筑面积均为 8291.3 平方米；2、4、6 栋的建筑面积均为 8305.9 平方米，共计 49790 平方米。

项目地点
深圳市龙岗区坂田街道

占地面积
23600 平方米

建筑面积
49790 平方米

建筑设计
恒筑建筑事务所 Buildever Design Inc.

景观设计
普梵思洛（亚洲）景观规划设计事务所

施工图设计
筑博设计股份有限公司

幕墙设计
深圳市晶宫设计装饰工程有限公司

灯光设计
深圳皓丽视通科技有限公司

摄影
深圳市物资集团有限公司
恒筑建筑事务所 Buildever Design Inc.

云里智能园

深圳坂田物资工业园综合改造

原有建筑

　　1~6 号厂房是 20 世纪 90 年代初期典型的工业建筑，过去极速扩张的工业模式导致建筑内部空间单一、外立面单调。凸出的核心筒虽将建筑体量划分，但视觉上立面元素并无明显的指向性。在后续使用中，原有建筑外立面逐渐充斥了空调室外机、电线等无序的搭建和临时性构筑物。由于疏于管理，内部也被租户自行改造成五金加工、仓库、小作坊等各种不同用途。

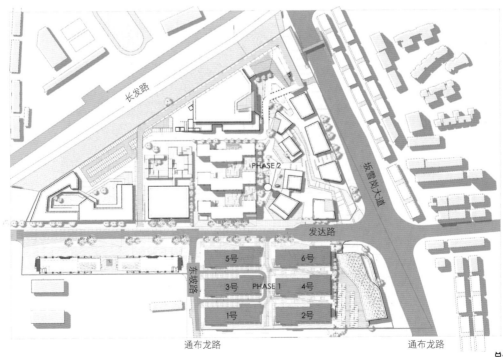

总体规划图

3.园区鸟瞰效果图
4-5.园区改造前
6.室内改造前

南立面

旧建筑立面分析

4

5

6

旧建筑立面分析

立面改造

1. 整块划分

考虑改造成本，保持建筑原有立面结构和基本元素。将原有立面的凌乱线条、琐碎斜线都统一为横平竖直的大体块划分，形成新的界面。

2. 角落打开

为了增加建筑的通透性，设计破除原有建筑东西侧封闭的山墙，在山墙及其转角处运用倒角玻璃幕墙，通过玻璃盒子的形式，让城市景观进入室内，同时在面向城市干道一侧有较好的城市界面。

3. 主立面规整

南北主立面通过简单有效的手段赋予立面全新的动态表情：依据原立面结构位置，运用不同长度的铝扣板结合LED灯条设计在立面上的搭配，形成高低错落的渐变效果。空调室外机位置统一考虑，隐藏在立面垂直格栅后。核心筒则运用相同材质的垂直格栅结合LED灯条处理，进一步强化竖向设计。色彩上以素描感极强的黑白灰配以暖色条灯，加深立面层次感。

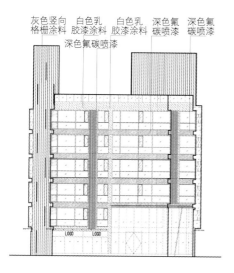

灰色竖向格栅涂料　白色乳胶漆涂料　白色乳胶漆涂料　深色氟碳喷漆　深色氟碳喷漆

深色氟碳喷漆

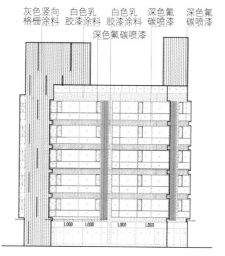

灰色竖向格栅涂料　白色乳胶漆涂料　白色乳胶漆涂料　深色氟碳喷漆　深色氟碳喷漆

深色氟碳喷漆

1、3、5号楼立面图1
1:100

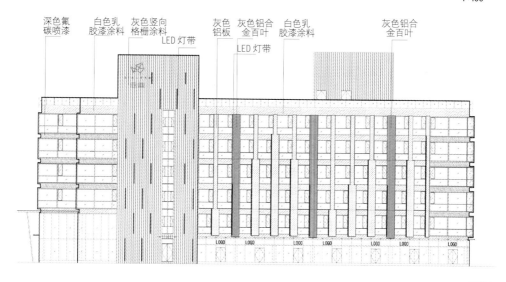

深色氟碳喷漆　白色乳胶漆涂料　灰色竖向格栅涂料　LED灯带　灰色铝板　灰色铝合金百叶　白色乳胶漆涂料　灰色铝合金百叶

LED灯带

1、3、5号楼立面图2
1:100

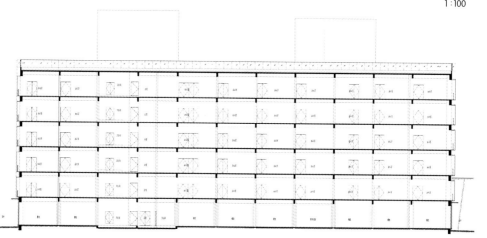

1、3、5号楼剖面图
1:100

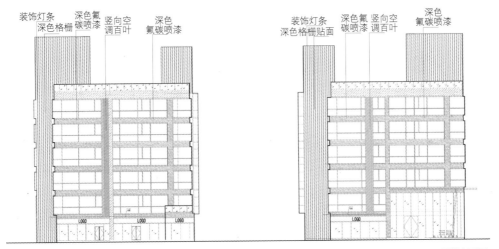

装饰灯条　深色氟碳喷漆　竖向空调百叶　深色氟碳喷漆
深色格栅　　　　　　　装饰灯条　深色氟　竖向空
　　　　　　　　　　　深色格栅贴面　碳喷漆　调百叶

2、4、6号楼立面图1
1:100

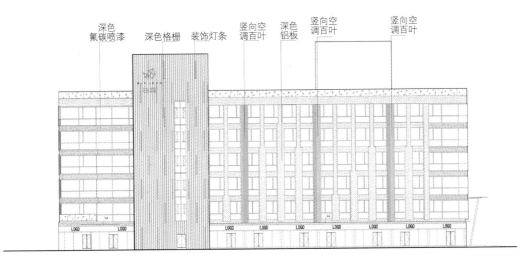

深色　　　　深色格栅　装饰灯条　竖向空　深色　竖向空　　竖向空
氟碳喷漆　　　　　　　　　　　调百叶　铝板　调百叶　　调百叶

2、4、6号楼立面图2
1:100

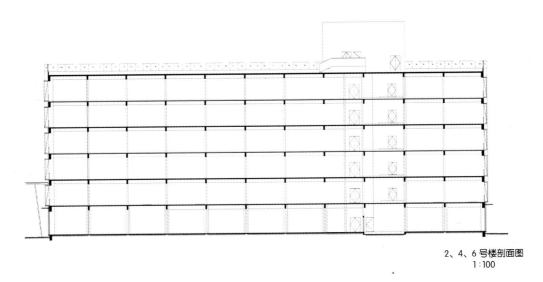

2、4、6号楼剖面图
1:100

13

入口大堂处在原结构基础上结合景观增加标志性雨篷。外挑的雨篷和斜撑配合入口标志与水景引人瞩目。水景设计观水池从外部延伸到大堂内部，与室内绿植墙一同营造无边界一般的室内景观。大堂内部设计简洁明快，通过通高的玻璃幕墙设计将自然光引入内部。

13. 办公立面
14. 入口雨篷
15. 大堂内部
16. 大堂外部

14

15

16

技术细节

　　从技术层面上看，规则有序的外立面幕墙界面标准模块可在工厂预制，在现场安装，满足节省施工时间又控制效果的要求。为了不影响立面采光，空调机位隐藏在竖向铝条板后，利用可开启扇安装空调，且每个主跨有一个空调机位。铝条板根据不同凹凸程度，在立面上形成渐变效果。而转角处的玻璃盒子在原有结构基础上进行钢结构加固，形成小幅度悬挑，因此改造成本较低。

17

18

17-18. 立面局部透视
19. 入口空间
20. 园区内部空间

改造的意义所在

云里智能园是政府重点扶持的产业孵化基地，并先后获得了深圳市孔雀计划孵化基地、深圳市投资推广重点园区、深圳市龙岗区创新产业园区、龙岗区创新产业载体联合会监事单位等多项政府荣誉。作为深圳市龙岗区产业升级战略中的重要组成部分，云里智能园推出一站式云服务体系，全方位解决企业所需。从众创空间、智能硬件试产基地、供应链管理到研发孵化中心、加速器再到品牌发布中心，通过全生态产业链的打造，全面加速创新型企业的产业孵化。

1

1.751 国际设计周
2.751 园区

项目地点
北京市 798 艺术区 751D-PARK 时尚设计广场

项目面积
500 平方米

设计公司
加拿大 MCM 建筑规划设计事务所

主创设计师
朱琳

设计团队
何旭东 / 万成 / 索新杰
梁晨 / 王培培

深化成员
朱婕 / 沈雪娇 / 李倩芸
申苗会

摄影
MCM

751 厂房改造

基于"零"结构破坏、低成本造价与绿色家居循环的改造实践

机缘——设计师与 751 的故事

加拿大 MCM 建筑事务所北京分部一直位于高楼林立的北京国贸 CBD。为了寻找适合激发建筑师创作灵感的办公环境，事务所决定重新进行一次探索。在 2017 年，他们有幸受邀参展 751 国际设计周并且展出建筑装置"折叠城市"，理念就是让人们感受现代都市压迫感的同时，也折叠了他们作为建筑师对未来绿色城市的构建愿景。751 文创园区无疑是首选之地，这里的建筑大都由老旧的厂房改造，绿树成荫，鸟语花香，一排排高大的裂解炉和铁塔锈迹斑斑，纵横交错的管道，诉说着厂区昔日的辉煌；所以设计师们敲定于此。在之前的建筑实践中，设计师们尝试过将心理建筑直接生成空间的核心结构逻辑。此次借公司迁址的机会，他们可以去探讨设计改造的另一种思路，即如何与时间对话。

3.改造后立面
4.原建筑与场地
5.承租单元原建筑
6.建筑周边已有入
驻企业立面
7-8.751 园区

思考——原始建筑的空间如何重现?

厂房是一栋尺寸为 50m X 30m、两层层高体量的 L 形老厂房,园区管理将厂房按照"联排"的形式沿长边划分成多个独立入户的办公单元,MCM 所得到的是其中街角部分的三个开间。本栋 C11 号厂房单元目前主立面已有 4 家企业入驻,使用时间均在 5 年以上且形象老旧。由于园区老建筑的管理要求——"建筑整体感不能出现较大差异,且门窗洞口需维持一个高度,内部二层建构为独立钢结构脱开的加建层,楼板为低荷载 ",故而设计师们面临诸多难题:

1. 呆板的立面门窗洞口比例,不能做洞口的调整。

2. 内部独立结构荷载风险,二层空间改造后荷载不能发生变化。

3. 原有外立面为 24 砖墙且已老化不具备热工性能,没法保证使用舒适度。

4. 建筑为西北向两个立面,室内通风较差。

5. 一层的原出入口与室内交通楼梯位于平面的对角位置,流线较长,使用干扰较大。

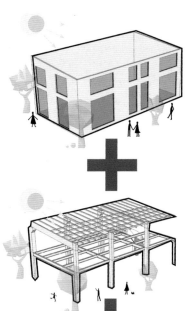

厂房原有开洞，同时保留以往结构

在原有结构基础上删减、加固，创造大空间，外墙开洞，重构结构便于开窗开门

重塑地面，添加局部高差。通过螺旋楼梯串联竖向交通

重新设计门头，添加窗楣等细节。添加表皮，女儿墙，生成整个建筑体

与751整体建筑风格相协调，同是玻璃、钢、砖墙等元素的碰撞，保留了工厂风格的同时，也加入了现代的气息

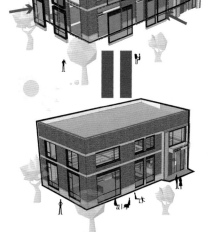

厂房保留记忆重塑

为了保证整体与周边环境相协调，融合于新旧之间，设计师们最后决定遵守园区不改变外表皮及门窗洞口位置的规定，保留原有建筑旧的砖墙质感，并在周边环境中提取颜色、形式与质感，以求以最低调的外在和简洁的质感来表达事务所自身的品牌气质，即"现实环境下的高品质呈现"。

在保持室内空间的独立性与外表皮的整合度平衡的同时，设计师们通过新建体量的构成尝试解决如何协调、组织空间，使之坦率、亲和、真诚及更直接地被感知。直射阳光的反射与折射不仅满足对空间效果更艺术性的诉求，又能给予室内望向室外风景的最大可见程度（对办公的功能需求），以及室外望向室内的最小视觉穿透性（私密性和独立性）。

设计——穿越时光的碎片

为了实现保留厂区记忆，设计师们把保留空间记忆感知作为整体设计理念，即空间的形式将使用者关注点放到空间自己的记忆诉说上。

原始建筑是一栋二层厂房，有着极为明亮宽敞的空间感，这让设计师们意识到这个厂房的高度和气质实际在诉说着她自己的独特历史，即外部的世界在不断变化，而设计师们的视角是穿越了时间与她对话。从建筑物的角度，设计师们要处理一个"室内"的空间，同时也要将记忆碎片拼凑保留下来。

设计利用极简的线条、黑白灰的色调，强调整体空间感。同时秉持对原有建筑的保护性改造原则，充分尊重751D-Park区域特有的艺术氛围与环境特质，以现代工艺和传统材料，打造符合园区整体形象的设计。

9.改造后一层室内照片
10.改造前加建部分的钢结构
11.门窗设计
12.主入口的调整

楼梯与建筑结构分析图

通过对门窗洞口加法的处理，将中间开间的窗洞一分为二，在不改变门窗洞口外边界及位置的情况下，将1∶1∶1比例的呆板立面韵律调整为有变化的1∶2∶1，使得主立面主次得到了区分。选择与周边新建建筑同样的金属板材料并协调颜色，使得街角新建部分满足自身醒目的同时，又不显突兀。老厂房原有门窗等结构洞口存在窗台墙等临时建筑不安全因素，改造过程中，结构体系的安全性及钢结构加固成为本次项目的重点。

主入口为了配合内部的空间关系和边界的交通流线，由原来针对街角的位置调整到南侧开间，与室内楼梯形成交通上的直接联系，这样首层的大空间将不再面临被穿越的干扰，成为一个安静独立的形象空间用于共享、交流。

门头采用折线设计及现代感的色彩与铝板材质，窗户改造为大面积落地窗，让光和风景有序进入。门窗设计上，定制取消翻转框，使得双层中空断桥铝合金的门窗拥有了较窄的金属边框，更大的玻璃界面使得外部景观能够更好地透进室内。

一层空间通过高差分隔交通与会客空间,绿植的种植使空间虚实结合并带来生机,竹墙结合高差划分开首层的接待空间与公共服务空间,将接待空间独立成为一个安静的存在。原有室内屋顶为钢结构瓦楞板,设计改造为精致的工业风格。会客区延续了灰色主调及折线设计理念。

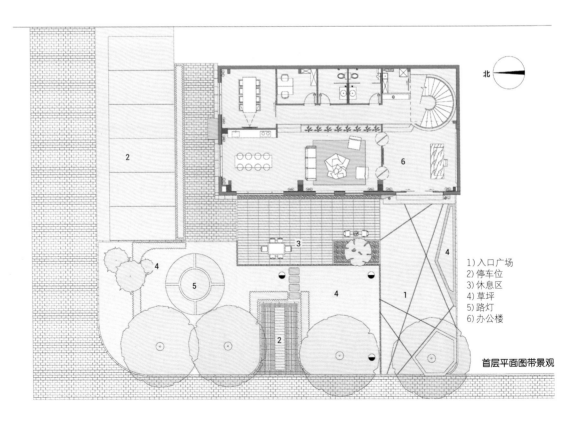

北

1)入口广场
2)停车位
3)休息区
4)草坪
5)路灯
6)办公楼

首层平面图带景观

13. 一层会客区
14. 前台接待区
15-17. 旋转楼梯

　　极具设计感的白色旋转楼梯通往二楼的办公区域，楼梯上方的吊顶采用多层折线设计结合照明营造天光的效果，使人的行走处于舒适的尺度中，通过光线的控制让人的情绪恢复宁静，楼梯上方办公室挑出的结构丰富了空间。整个空间多处保留原有厂房的红砖墙面，饰以白色涂料，保留场地原有的印记肌理。

　　空间的组织主要围绕着内部人员的使用需求，通过高差的变化，将原有层高较大且单调的首层空间进行层次上的划分，将功能厅完整地独立出来。同时为不具备直接排水系统的卫生间排水提供了高差上的技术条件，也为旋转楼梯解决了30厘米的高差处理压力，保证了踏步每一步的舒适度。

旧建筑的外立面热工性能较差，为了保留外部旧砖墙记忆不变，团队最后决定用整体内保温来解决建筑使用上的节能问题，原有工业化系统所留下的管道及散热器片作为历史的记忆被保留下来，只将它们进行简单粉刷融入新的室内环境。整个空间内颜色和材质的选择，都遵照一个黑白灰色系搭配，软饰和工艺品的搭配均统一材料，突出简洁现代的气息。整个设计将原有老建筑最具特色的部分进行保留与记忆，室内的砖墙与屋顶工业化的成品大梁，都进行了保护性优化而没有做吊顶封闭，裸露的工业元素成为空间的特色和原有老厂房的记忆。

18. 一层餐厅及开放厨房
19. 二层休息区及茶水间
20. 一层会议室
21. 室内与室外景观

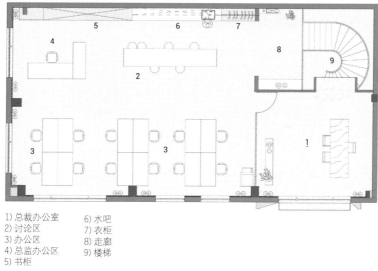

二层平面图

1) 总裁办公室   6) 水吧
2) 讨论区   7) 衣柜
3) 办公区   8) 走廊
4) 总监办公区   9) 楼梯
5) 书柜

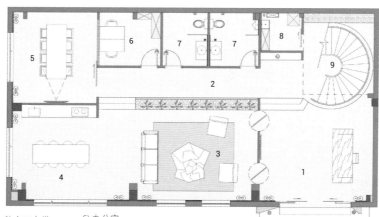

一层平面图

1) 入口大堂   6) 办公室
2) 走廊   7) 卫生间
3) 接待区   8) 储藏间
4) 厨房 / 餐吧   9) 楼梯
5) 会议室

22. 门窗设计
23-24. 室内空间照片

技术反思——如何做到更多

　　整个改造遵循 MCM 事务所绿色建筑专家低碳环保原则，很多家具为循环使用，整个项目更关注内部人员的使用舒适度及活动需求，总体的低成本控制和落地化实现目标使得项目成为保护性改造实践的优秀案例。

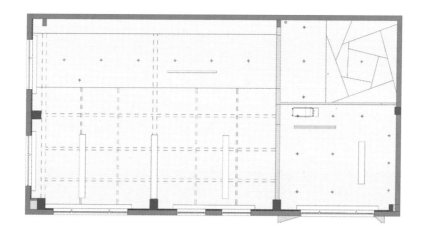

二层顶棚图

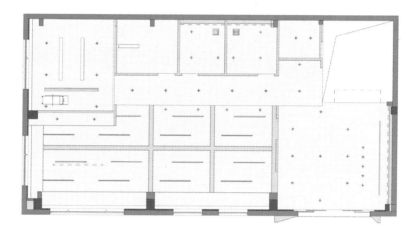

一层顶棚图

24

1. 办公室入口
2. 入口门厅一侧设置坐落在台阶上的会议室

项目背景

项目位于北京恒通商务园，原有建筑为一栋占地 400 平方米、层高 4.2 米的钢结构旧厂房。

本项目业主 WMY 是一家年轻的广告创意热店，凭借精妙的创意和扎实的执行能力，WMY 在众多机构中脱颖而出，在行业内名列前茅。迅猛发展的 WMY 需要一个新的办公场所作为进一步放飞梦想的摇篮。业主对办公空间调性的要求是——创新，独立，开放。

当设计师走进刚拆除平整完毕的施工现场，空荡的厂房里留存下的粗粝水泥墙和粗壮钢梁，以及业主停放在场地旁的机车和谐地映入眼帘时，设计师认为：提供一个空间，容纳原有建筑的场所精神，同时让业主的生活方式在其中与场所精神无缝对接，并没有痕迹地延续才是这个空间应该有的属性，粗犷锐利的工业风格无疑是最适合这个空间的。

项目地点
北京

项目面积
360 平方米

设计公司
里外工作室

主创设计师
张哲

空间设计
夏志伟 / 徐佳斌

文字
张哲

摄影
五透

2

WMY办公空间

工业厂房遭遇鬼马前卫广告人

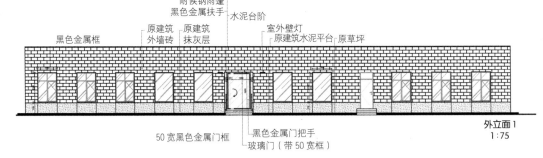

耐候钢雨篷
黑色金属扶手
水泥台阶

黑色金属框　原建筑　原建筑　室外壁灯
　　　　　　外墙砖　抹灰层　原建筑水泥平台　原草坪

50宽黑色金属门框　　黑色金属门把手
　　　　　　　　　　玻璃门（带50宽框）

外立面1
1:75

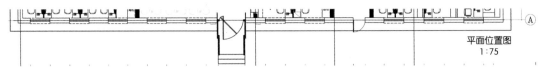

平面位置图
1:75

原草坪　原建筑　原建筑　原建筑
　　　　水泥平台　外墙砖　抹灰层

耐候钢雨篷
黑色金属扶手
水泥台阶

外立面2
1:75

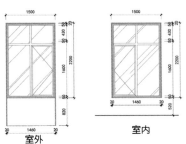

室外　　　　　　室内

材质选择

　　在材质的选择上，为尊重原有的场所精神及企业风格，本案选用了混凝土及金属作为空间的主要材质。地面及墙面均采用混凝土质感的水泥漆及自流平，形成粗糙质朴的空间基调。局部吊顶及工位旁的隔断采用黑色金属网，在不阻隔视线的同时，划分出功能分区并体现空间的序列感和仪式感。定制家具的材料则选用黑色金属板及水泥板，配以黑色皮质沙发，形成软硬质感结合的工业风调性。

3. 办公室外景
4-6. 改造前外景
7. 阳光洒入洽谈区
8. 开放办公区
9. 储物柜局部
10. 办公室入口
11. 办公室前厅
12. 洽谈室与会议室之间走道

13

13.企业墙
14.闭合状态时作为分隔前厅与茶水间的隔断
15.门厅设置可转动的水泥屏风
16.屏风旋转 90°呈打开状态时，茶水间及门厅连成一体
17.茶水间

15

16

空间设计

　　设计师在狭长的办公空间中置入了若干空间节点，最大限度利用空间进深及较好的层高优势，创造空间丰富的层次感和有变化的节奏感。

　　正对入口门厅设置可转动的水泥屏风，闭合状态时作为分隔前厅与茶水间的隔断，同时作为对公司有特殊意义的黑色 vespa 机车的展示背景墙。屏风局部开孔，作为视觉上连接茶水间和门厅的视窗。屏风旋转 90°呈打开状态时，茶水间及门厅连成一体，可作为大型活动空间使用。

14

17

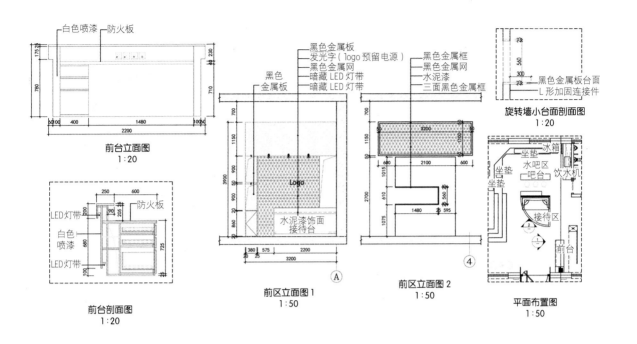

白色喷漆 — 防火板

前台立面图
1:20

前台剖面图
1:20

LED灯带
白色喷漆
LED灯带
防火板

黑色金属板
黑色金属板
发光字（logo预留电源）
黑色金属网
暗藏LED灯带
暗藏LED灯带

黑色金属框
黑色金属网
水泥漆
三面黑色金属框

Logo
水泥漆饰面
接待台

前区立面图1
1:50

前区立面图2
1:50

旋转墙小台面剖面图
1:20

黑色金属板台面
L形加固连接件

冰箱
坐垫
水吧区
吧台
饮水机
坐垫
坐垫
接待区
前台

平面布置图
1:50

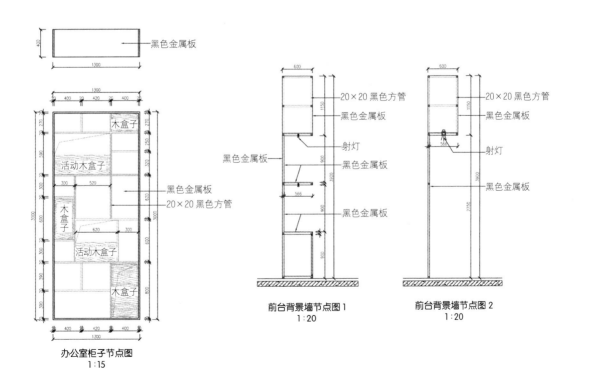

黑色金属板

办公室柜子节点图
1:15

木盒子
活动木盒子
木盒子
活动木盒子
木盒子
黑色金属板
20×20黑色方管

20×20黑色方管
黑色金属板
射灯
黑色金属板
黑色金属板

前台背景墙节点图1
1:20

20×20黑色方管
黑色金属板
射灯
黑色金属板

前台背景墙节点图2
1:20

18

19

18. 坐落在台阶上的会议室
19-20. 开放办公区
21-22. 企业墙

设计师充分利用层高优势，在入口门厅一侧设置坐落在台阶上的会议室，形成令人眼前一亮的视觉亮点。台阶设置坐垫，可作为公共讨论空间的座椅使用，同时座椅往茶水间延伸，将较活跃的公共空间连成一体。

20

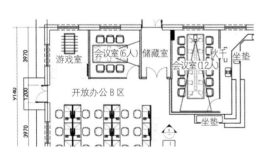

平面位置图
1:100

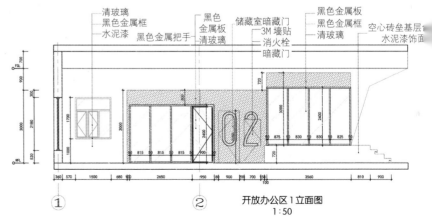

清玻璃
黑色金属框
水泥漆
黑色金属把手

黑色
金属板
清玻璃

储藏室暗藏门
3M墙贴
消火栓
暗藏门

黑色金属板
黑色金属框
清玻璃

空心砖垫基层
水泥漆饰面

开放办公区1立面图
1:50

① ②

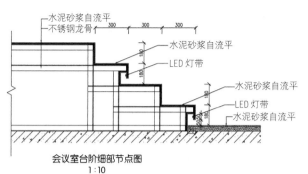

水泥砂浆自流平
不锈钢龙骨
300 · 300 · 300
水泥砂浆自流平
LED 灯带
水泥砂浆自流平
LED 灯带
水泥砂浆自流平

会议室台阶细部节点图
1 : 10

主要通道空间分别采用贴墙布置及居中布置两种方法。紧邻外墙的走道设置洽谈区域，可享用透过巨大落地窗射入的阳光。居中布置的走道为企业精神展示的主要区域，在其一侧及尽头分别设置刻有企业文化标语的水泥企业墙及展示灯具

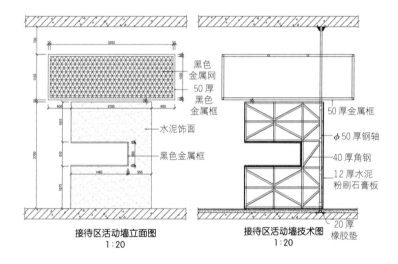

黑色
金属网
50 厚
黑色
金属框

水泥饰面
黑色金属框

50 厚金属框
φ50 厚钢轴
40 厚角钢
12 厚水泥
粉刷石膏板
20 厚
橡胶垫

接待区活动墙立面图
1 : 20

接待区活动墙技术图
1 : 20

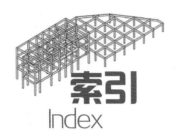

索引
Index

AAarchitects + IIA Atelier（P 069）
网站：www.itisarch.com
邮箱：yoshiko.sato.itisarchi@gmail.com

Atelier tao+c 西涛设计工作室（P 125）
网站：www.ateliertaoc.com
邮箱：info@ateliertaoc.com

BEING 时建筑（P 179）
网站：www.beingarch.com
邮箱：office@beingarch.com

CUN 寸 DESIGN（P 111）
网站：www.cunchina.cn
邮箱：cunchina@163.com

DPD 香港递加设计（P 189）
网站：www.designplusdesign.com
邮箱：brand@designplusdesign.com

HPP Architects（P 201）
网站：www.hpp.com
邮箱：shanghai@hpp.com

Kokaistudios（P 159,171）
网站：www.kokaistudios.com
邮箱：info@kokaistudios.com

WallaceLiu（P 103）
网站：www.wallaceliu.com
邮箱：hello@wallaceliu.com

大舍建筑设计事务所（P 081）
网站：www.deshaus.com
邮箱：deshaus@126.com

恒筑建筑事务所 Buildever Design Inc.（P 211）
网站：buildever.com
邮箱：be@buildever.com

加拿大 MCM 建筑规划设计事务所（P 221）
网站：mcmchina.com.cn
邮箱：mcm_china@126.com

里外工作室（P 233）
网站：www.withinbeyond.com
邮箱：info@withinbeyond.com

刘宇扬建筑事务所（P 029,041,055）
网站：www.alya.cn
邮箱：office@alya.cn

墨照建筑设计事务所（P 131）
网站：www.mozhao.com.cn
邮箱：office@mozhao.com.cn

普罗建筑（P 091）
网站：www.officeproject.cn
邮箱：contact@officeproject.cn

三文建筑（P 145）
网站：www.3andwichdesign.com
邮箱：contact_3andwich@126.com

参考文献

[1] 曹晓丰. 旧工业建筑再利用在城市发展改造过程中的意义 [J]. 低碳世界, 2014（02）：206-207.

[2] 蒋蓓. 如何加强废旧工业建筑的改造再利用 [J]. 山西建筑, 2017（06）：24-25.

[3] 华东建筑设计研究院有限公司. 上海市既有工业建筑民用化改造绿色技术规程: DG/TJ 08-2210-2016 [S]. 上海：同济大学出版社, 2016.